まんが NHKスペシャル

地球大進化 1

MIRACLE PLANET

~46億年・人類への旅~

[生命の星 大衝突からの始まり]

地球《ちきゅう》に降《ふ》り注《そそ》ぐ隕石《いんせき》の痕跡《こんせき》

地球《ちきゅう》は46億年前《おくねんまえ》に誕生《たんじょう》して以来《いらい》、幾度《いくど》となく隕石《いんせき》が衝突《しょうとつ》したといわれる。隕石《いんせき》が衝突《しょうとつ》する際《さい》のエネルギーはものすごく、直径《ちょうけい》数十《すうじゅう》m《メートル》のものでさえ、その跡《あと》には直径《ちょうけい》1km《キロメートル》以上《いじょう》の大《だい》クレーターを残《のこ》す。隕石《いんせき》の衝突《しょうとつ》は、生命《せいめい》の行《ゆ》く末《すえ》に大《おお》きな影響《えいきょう》を与《あた》えたのだ。

アメリカ・アリゾナ州《しゅう》にあるバリンガー隕石孔《いんせきこう》。
直径《ちょっけい》1.2km《キロメートル》、深《ふか》さ170m《メートル》の巨大《きょだい》なクレーターを
作《つく》ったのは、直径《ちょっけい》わずか30〜50m《メートル》の隕石《いんせき》だった。

カナダ・ケベック州《しゅう》にある直径《ちょっけい》70kmの巨大《きょだい》クレーター。200万《まん》年《ねん》以上《いじょう》前《まえ》、直径《ちょっけい》5km《キロメートル》の隕石《いんせき》が衝突《しょうとつ》してでき、その際《さい》には生物《せいぶつ》の60%《パーセント》以上《いじょう》の種《しゅ》が絶滅《ぜつめつ》したといわれる。

直径《ちょっけい》400km《キロメートル》を超《こ》える超巨大《ちょうきょだい》隕石《いんせき》が、その軌道《きどう》をはずれ、地球《ちきゅう》の引力《いんりょく》に引《ひ》き寄《よ》せられたと考《かんが》えてみる。そのスピードは、実《じつ》に秒速《びょうそく》17km《キロメートル》にも達《たっ》する。

日本《にほん》の南《みなみ》1500km《キロメートル》の太平《たいへい》洋上《ようじょう》に落下《らっか》。海水《かいすい》どころか、厚《あつ》さ約《やく》10km《キロメートル》の地殻《ちかく》までめくり上《あ》げた。地殻《ちかく》を構成《こうせい》している岩石《がんせき》は隕石《いんせき》といっしょにあっという間《ま》に蒸発《じょうはつ》してしまい、岩石蒸気《がんせきじょうき》となってふくれあがってゆく。

地球《ちきゅう》の海《うみ》を消滅《しょうめつ》させたものは？

最近《さいきん》の学説《がくせつ》によると、40億年《おくねん》ほど前《まえ》、地球《ちきゅう》の海《うみ》は蒸発《じょうはつ》してしまったのではないかとされる。その犯人《はんにん》は、巨大《きょだい》な隕石《いんせき》だった。一説《いっせつ》には、その直径《ちょっけい》は４００㎞《キロメートル》もあったという。ここまで大《おお》きいと、微惑星《びわくせい》といってもいいほどだ。衝突《しょうとつ》した際《さい》のエネルギーは想像《そうぞう》を絶《ぜっ》するほど大《おお》きかったにちがいない。

岩石蒸気《がんせきじょうき》の温度《おんど》は4000℃、風速《ふうそく》は秒速《びょうそく》300m《メートル》になると考《かんが》えられる。地球《ちきゅう》の屋根《やね》、ヒマラヤには3時間《じかん》あまりで到達《とうたつ》する。

日本列島《にほんれっとう》をおそう地殻《ちかく》の津波《つなみ》。あっという間《ま》に日本列島《にほんれっとう》は飲《の》み込《こ》まれてしまったことだろう。

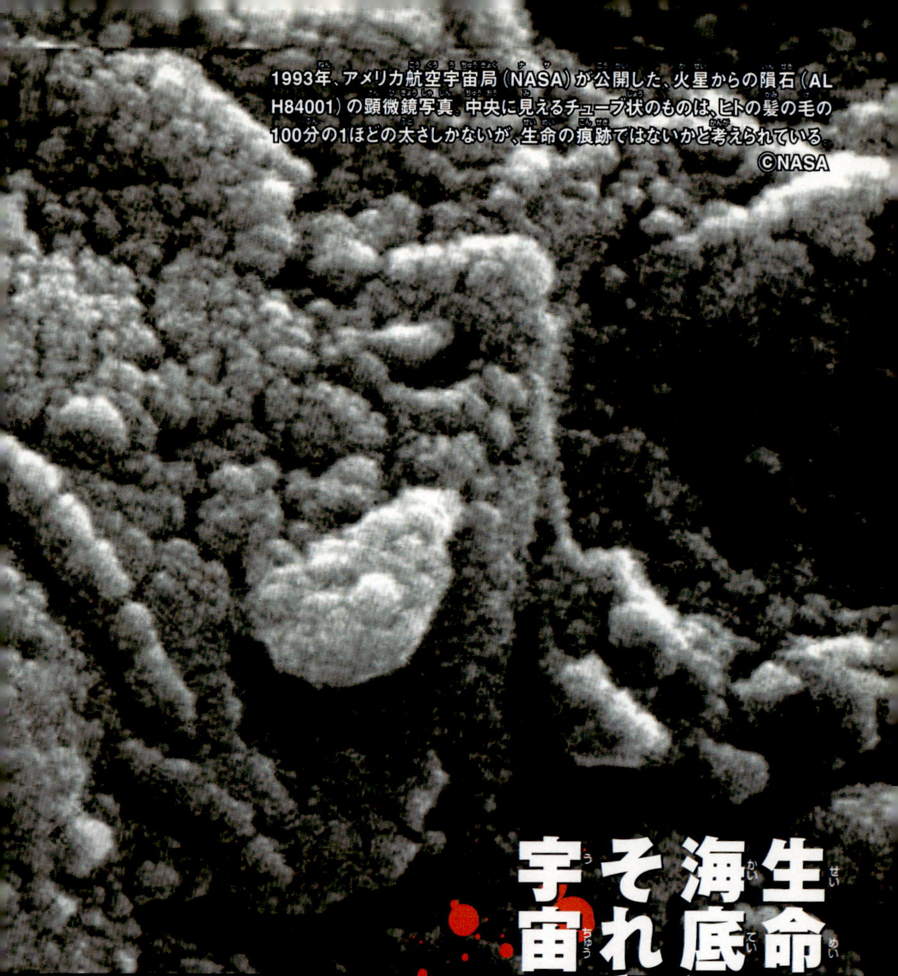

1993年《ねん》、アメリカ航空宇宙局《こうくううちゅうきょく》（NASA《ナサ》）が公開《こうかい》した、火星《かせい》からの隕石《いんせき》（ALH84001）の顕微鏡写真《けんびきょうしゃしん》。中央《ちゅうおう》に見《み》えるチューブ状《じょう》のものは、ヒトの髪《かみ》の毛《け》の100分《ぶん》の1ほどの太《ふと》さしかないが、生命《せいめい》の痕跡《こんせき》ではないかと考《かんが》えられている。
©NASA

生命《せいめい》の源《みなもと》は海底《かいてい》にあった？　それとも宇宙《うちゅう》から？

生命《せいめい》は海《うみ》から誕生《たんじょう》したのだろうか？　実際《じっさい》、海底《かいてい》にある熱水噴出孔《ねっすいふんしゅつこう》のまわりにはミネラルや有機物《ゆうきぶつ》が豊富《ほうふ》で、生命《せいめい》のゆりかごであった可能性《かのうせい》は高《たか》い。しかし、火星《かせい》からの隕石《いんせき》に生命《せいめい》の痕跡《こんせき》らしいものが見《み》つかっていることから、宇宙《うちゅう》から隕石《いんせき》に乗《の》ってやってきたという説《せつ》も否定《ひてい》はできない（95-96ページ参照《さんしょう》）。

海底《かいてい》250m《メートル》にある熱《ねっ》水《すい》噴《ふん》出《しゅつ》孔《こう》。高《たか》さ5m《メートル》ほどの煙《えん》突《とつ》から、400℃の熱《ねっ》水《すい》を吹《ふ》き出《だ》している。地《ち》球《きゅう》内《ない》部《ぶ》のエネルギーが表《おもて》に出《で》てきているところで、ミネラルや有《ゆう》機《き》物《ぶつ》が豊《ほう》富《ふ》なため、さまざまな生《い》き物《もの》が近《ちか》くにすみついている。

グリーンランドのイスア地方《ちほう》にある岩《いわ》。この岩《いわ》の中央部《ちゅうおうぶ》に黒《くろ》く見《み》える幅《はば》30cm《センチメートル》ほどの帯《おび》には、無数《むすう》の炭素《たんそ》の黒《くろ》い粒《つぶ》がある。研究《けんきゅう》の結果《けっか》、これは、38億年前《おくねんまえ》に生命《せいめい》の体《からだ》を作《つく》っていたものらしいことがわかってきた。

生命《せいめい》はいつから存在《そんざい》していたのだろう?

生命《せいめい》の誕生《たんじょう》はいつのことだったのか? その鍵《かぎ》を解《と》くために、地球《ちきゅう》に存在《そんざい》する岩石《がんせき》とその年代《ねんだい》を調《しら》べてみると、生物《せいぶつ》がいつ頃《ごろ》から存在《そんざい》していたのかが見《み》えてくる。生命《せいめい》というものは、死滅《しめつ》してしまっても、自分《じぶん》がそこにいたということをいつまでも語《かた》ってくれるのだ。

イスアの岩《いわ》をルーペで観察《かんさつ》するミニック・ロージング博士《はかせ》

まんが NHK《エヌエイチケー》スペシャル 地球大進化 1

MIRACLE PLANET

~46億《おく》年《ねん》・人類《じんるい》への旅《たび》~

[生命《せいめい》の星《ほし》 大衝突《だいしょうとつ》からの始《はじ》まり]

CONTENTS

単行本スタッフ

◆まんが
小林たつよし
NHK「地球大進化」プロジェクト〔編〕
◆アシスタント
岡崎忠彦・竹田秀勝・田中嘉宏・西東栄一
◆CG製作
NHK・CGグループ
◆デザイン
伊波光司・辻本有博+ベイブリッジ・スタジオ
◆写真
PANA通信社・OPO・NHK取材班
◆コラムイラスト
ひろゆうこ
◆カバーイラスト
月本佳代美
◆印刷データ作成
江戸製版印刷株式会社
◆編集協力
宗形康（小学館クリエイティブ）・富田京一
◆編集
澁谷直明（小学館　児童・学習編集局）

プロローグ

120億年前《おくねんまえ》に誕生《たんじょう》したと
いわれる銀河系《ぎんがけい》。
その片隅《かたすみ》に——

私《わたし》たちの
太陽系《たいようけい》があります。

最近《さいきん》の科学《かがく》によれば、
46億年前《おくねんまえ》に誕生《たんじょう》した
我々《われわれ》の住《す》む地球《ちきゅう》は——

あらゆる生命《せいめい》をやさしく
育《はぐ》む「母《はは》なる地球《ちきゅう》」の
イメージとは異《こと》なり——

幾多《いくた》の大変動《だいへんどう》を繰《く》り返《かえ》してきた
「荒《あら》ぶる星《ほし》」だという事《こと》がわかってきました。

――しかし、そうした大変動《だいへんどう》を、
あなたの祖先《そせん》は生《い》き抜《ぬ》いてきました。
だからこそ今《いま》あなたは存在《そんざい》しているのです。

……いったいどんな歴史《れきし》を経《へ》て、あなたは生《う》まれてきたのでしょうか?
時間《じかん》と空間《くうかん》の旅《たび》をしながら探《さぐ》っていきましょう。

まず地球《ちきゅう》が生《う》まれた時《とき》を
1月1日《がつついたち》午前《ごぜん》0時《じ》、
そして現在《げんざい》を12月《がつ》31日《にち》の
夜《よる》24時《じ》だとすれば——

8

24:00:00

たった1秒前《びょうまえ》は
日本《にほん》でいえば
江戸《えど》時代《じだい》末期《まっき》頃《ごろ》——
23:59:59

23:59:40

23:59:00

そして3日前《みっかまえ》の
12月《がつ》28日《にち》――
あなたの祖先《そせん》は
このキツネのような
サルの姿《すがた》です。

さらに10日前《とおかまえ》の
12月《がつ》20日《はつか》に
さかのぼって
みましょう。

恐竜《きょうりゅう》の時代《じだい》です！
…しかし恐竜《きょうりゅう》はあなたの祖先《そせん》ではなく――

12

もっと過去《かこ》にさかのぼれば
あなたの祖先《そせん》の姿形《すがたかたち》は
どんどん変《か》わっていきます。
これは
12月《がっ》10日《とおか》頃《ごろ》――

12月《がつ》3日《みっか》――
初《はじ》めて陸上《りくじょう》に
進出《しんしゅつ》した頃《ころ》の
姿《すがた》です。

13

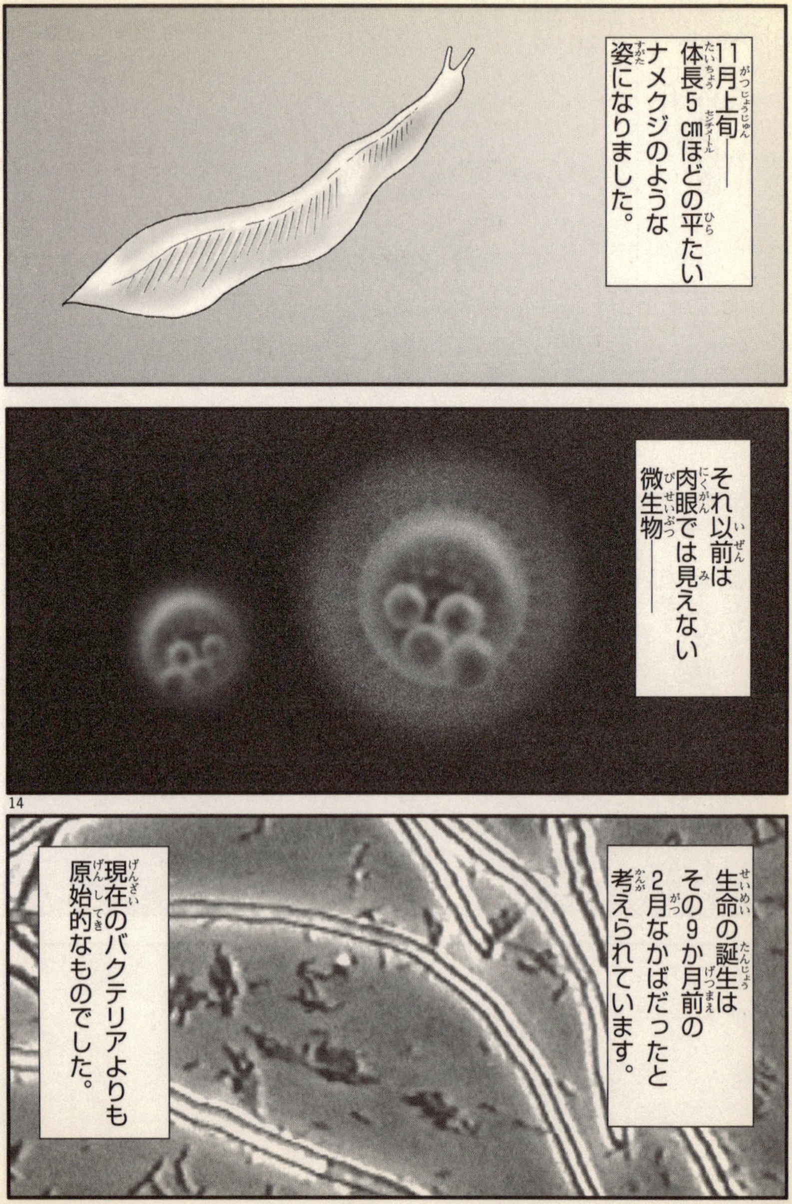
11月上旬《がつじょうじゅん》——
体長《たいちょう》5cm《センチメートル》ほどの平《ひら》たい
ナメクジのような
姿《すがた》になりました。
それ以前《いぜん》は
肉眼《にくがん》では見《み》えない
微生物《びせいぶつ》——
14
生命《せいめい》の誕生《たんじょう》は
その9か月前《げつまえ》の
2月《がつ》なかばだったと
考《かんが》えられています。
現在《げんざい》のバクテリアよりも
原始的《げんしてき》なものでした。

46億年《おくねん》という
地球《ちきゅう》の歴史《れきし》——
この長《なが》い時間《じかん》に
どんな出来事《できごと》が
起《お》きたのでしょうか？
——何《なに》が小《ちい》さなバクテリアに
過《す》ぎなかった生命《せいめい》を、今日《こんにち》まで
進化《しんか》させたのでしょうか？

ふう〜〜ん。
16
どしたの強《つよし》？
やけに興味深《きょうみぶか》く観《み》ているじゃないっ。
だってすごいんだヨ母《かあ》さん！
ボクらが生《い》きている時代《じだい》って1年《ねん》に直《なお》すと大晦日《おおみそか》の夜《よる》の最後《さいご》の1秒《びょう》なんだって！

10日前《とおかまえ》の12月20日《がつはつか》には恐竜《きょうりゅう》がすんでいたんだって!!
キュッ
ふうん。
おもしろそうね。
17
ボク、もっと詳《くわ》しく知《し》りたいナァ。
ボクらの祖先《そせん》ってどんな姿《すがた》をしていたんだろう?

アラ 珍《めずら》しい♪
強《つよし》が勉強《べんきょう》に興味《きょうみ》を持《も》つなんて…！
こういう番組《ばんぐみ》は好《す》きなんだよ。
ブゥ
だったら調《しら》べてみればいいじゃない？
母《かあ》さんもひと肌脱《はだぬ》いであげようか？
え？
あのネ 母《かあ》さんの同級生《どうきゅうせい》の知《し》り合《あ》いが――
確《たし》かNHK《エヌエイチケイ》に勤《つと》めてるって聞《き》いているわよ。直接訪《ちょくせつたず》ねれば…？
そうよっ♬
彼女《かのじょ》んとこにはあんたと同《おな》じ歳《とし》の女《おんな》の子《こ》がいるからその子《こ》と一緒《いっしょ》に行《い》けばいいじゃない!!
PAN
ええ――っ!!

18

そうと決《き》まれば〝善《ぜん》は急《いそ》げ〟だわ!
♪
いまから彼女《かのじょ》に電話《でんわ》して聞《き》いてみましょ♪
ええ～～やだよボク――っ!!
あ、
もしもしあっこ～～♪久《ひさ》し振《ぶ》り――っ!!
…じつはウチの強《つよし》がいまね……
まい…ったな…
ねェ母《かあ》さん!
ねっそうでしょ♡
わかった!そうしましょ!!
やっぱりやめよ～～!!
はいっ決《き》まり――♡
明日《あした》NHK《エヌエイチケイ》へ行《い》っといで♬
え――っ!?

20

チャラララ ラ〜ン♪
…誰《だれ》？
チャッ
ちょっと アンタ！
何《なに》グズグズ してんのよ!!
さっきから 改札《かいさつ》の前《まえ》で ずう——っと 待《ま》ってんのよ!?
レディを こんなに待《ま》たせて いいと思《おも》ってんのっ!?
レ… レディ!?
TYO

22

いいい!?
ホント、いい迷惑《めいわく》なのよ!!
私《わたし》はママに頼《たの》まれたから、あんたの携帯《けいたい》の番号《ばんごう》も聞《き》いて仕方無《しかたな》くここに来《き》てるの!
す…すみません。
な…んだぁこいつ〜〜〜!
――だいたいNHK《エヌエイチケー》の中《なか》に入《はい》るのだって、私《わたし》のパパの知《し》り合《あ》いのお蔭《かげ》で許可《きょか》がおりたんだからね!
ありがたく思《おも》いなさいよ!!
それからね、これから行《い》くところで――はずかしい真似《まね》だけはやめてちょーだいね!!
23
む…ムカつく〜〜〜!!
さ、行《い》くわよ。
ついてらっしゃい!

109
CINEMA RISE
TYO
あ？
うわ♡
でか〜〜い!!
ここが
NHK《エヌエイチケー》…!!

…もう
はずかしいなあ、いちいちキョロキョロしないでよ！
さ、入《はい》るわよ。
あ…のう、昨日《きのう》連絡《れんらく》させていただいた……
はい♪
…こいつ、本当《ほんとう》にボクと同《おな》じ歳《とし》かあ？
25
チン
1 2 3 4 C
地球大
ここね。

じゃあ入《はい》るわ。
いい？くれぐれも恥《はじ》をかかせないでね！帽子《ぼうし》はとるのよ！
は…い。
コン
コン
失礼《しつれい》しま～～～す！
やあ、荒井強《あらいつよし》クンと寺田陽子《てらだようこ》ちゃんだね♡
おじさんから連絡《れんらく》が入《はい》っているヨ。さあどうぞ。
チーフ・プロデューサー
高間《たかま》 大介《だいすけ》

お忙《いそが》しいところをすみませ――ん♡
キャキャキャ
いろいろと教《おし》えてくださ――い♬
げっ!!
さっきと態度《たいど》がコロッと変《か》わった!!
よろしくお願《ねが》いしま――す♪
じゃあソファの方《ほう》に――
はあい♡
…じつはね、僕《ぼく》たちも2人《ふたり》の訪問《ほうもん》を聞《き》いて――
ちょっと頼《たの》みたい事《こと》があったんだ。
…はい？
27
視聴者代表《しちょうしゃだいひょう》ということで――
この企画《きかく》に参加《さんか》して欲《ほ》しいんだ。
ええっ!?

我々《われわれ》と違《ちが》う客観的《きゃっかんてき》な立場《たちば》から質問《しつもん》や意見《いけん》をぶつけて欲《ほ》しいんだ。
どうかな？
はい♡
喜《よろこ》んで♪
きゃぴ
きゃぴ
あ、そう！
よかったあ、安心《あんしん》したよ！
お茶《ちゃ》をどうぞ♪
お菓子《かし》もあるわよ♡
あ、いただきま――す♬
あ゛
あは♡どうぞおかまいなく～～～♪
私《わたし》はスタッフの中西愛《なかにしあい》です。
〝愛姉《あいねえ》さん〟って呼《よ》んでネ♡

28

…じゃあ 早速《さっそく》だけど——
何《なに》か質問《しつもん》はあるかい？
え…
あはは
え〜〜〜と、私《わたし》は…
あ♪
ボク、紙《かみ》に書《か》き出《だ》してきました。
——まず、ボク達《たち》の祖先《そせん》はいったいいつ頃《ごろ》から地球上《ちきゅうじょう》に誕生《たんじょう》して、
どんな形《かたち》をしていたんでしょう？
ナニ、この子？
うん
うん
とってもいい質問《しつもん》だ。
——じゃあこれから全員《ぜんいん》でスタジオの方《ほう》へ移動《いどう》しよう。

地球《ちきゅう》46億《おく》歳《さい》。これを1年《ねん》にたとえると

のんびりと過《す》ぎていく1年《ねん》の前半《ぜんはん》

地球《ちきゅう》は、原始太陽《げんしたいよう》のまわりを回《まわ》るガスやちりが集《あつ》まって、46億年前《おくねんまえ》にできたとされている。もちろん、ガスやちりなどの細《こま》かい物質《ぶっしつ》が集《あつ》まってすぐに、地球《ちきゅう》のような直径《ちょっけい》1万《まん》2000km《キロメートル》以上《いじょう》もある惑星《わくせい》ができるわけではない。原始太陽《げんしたいよう》の誕生《たんじょう》から、実《じつ》に数億《すうおく》年《ねん》の時間《じかん》が過《す》ぎるのだが、137億年《おくねん》といわれる宇宙《うちゅう》の歴史《れきし》から見《み》れば、ほんの一瞬《いっしゅん》のできごとだ。

さて、地球《ちきゅう》の46億年《おくねん》の歴史《れきし》を1年《ねん》間《かん》に置《お》き換《か》えてみると、実《じつ》におもしろいことがわかってくる。地球《ちきゅう》が生《う》まれたときを1月1日午前《がつついたちごぜん》0時《じ》、現在《げんざい》を12月31日午後《がつにちごご》12時《じ》とする。これを地《ち》球《きゅう》カレンダーという。1年《ねん》が46億年《おくねん》だから1日《にち》は1260万年《まんねん》、1時間《じかん》は52万年《まんねん》、1分《ぷん》は8700年《ねん》、1秒《びょう》は145年《ねん》を表《あらわ》すことになる。人間《にんげん》の一生《いっしょう》なんて、地球《ちきゅう》の時間《じかん》から見《み》れば1秒《びょう》にもならないことになる。

この地球《ちきゅう》カレンダーで地球《ちきゅう》の歴史《れきし》をふりかえってみよう。地球《ちきゅう》が生《う》まれて1か月半《げつはん》も過《す》ぎた2月中旬《がつちゅうじゅん》（40億《おく》年前《ねんまえ》）、海《うみ》の中《なか》でメタンや硫化水素《りゅうかすいそ》、アンモニアなどが化学反応《かがくはんのう》を起《お》こしてたんぱく質《しつ》が作《つく》られ、最初《さいしょ》の生命体《せいめいたい》が誕生《たんじょう》したと考《かんが》えられる。生命体《せいめいたい》とはいっても、現在《げんざい》のバクテリアよりもずっと単純《たんじゅん》なつくりだったようだ。

この頃《ころ》、本巻《ほんかん》で紹介《しょうかい》した地球《ちきゅう》の海《うみ》

地球《ちきゅう》カレンダー

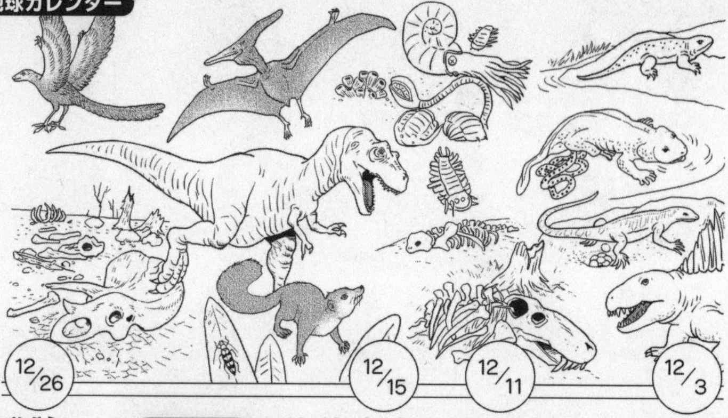

がすべて蒸発《じょうはつ》してしまう大事件《だいじけん》が起《お》きたとされている。生《う》まれたばかりの生命《せいめい》は、絶滅《ぜつめつ》の危機《きき》に出会《であ》ったのだが、しぶとく生《い》き残《の》った。

春《はる》が過《す》ぎ、日本《にほん》では北海道《ほっかいどう》以外《いがい》は梅雨《つゆ》入《い》りするまでの4か月間《げつかん》（といっても実際《じっさい》には16億年《おくねん》もたっているけれど）、生命《せいめい》に大《おお》きな変化《へんか》はなかった。しかし、6月下旬《がつげじゅん》になると、太陽《たいよう》の光《ひかり》を受《う》けて光合成《こうごうせい》をし、酸素《さんそ》をはき出《だ》すものが現《あらわ》れた。シアノバクテリアだ。地球《ちきゅう》の大気《たいき》に初《はじ》めて酸素《さんそ》ができたのは、約《やく》24億年前《おくねんまえ》のできごとだった。

変化《へんか》が速《はや》くなる1年《ねん》の後半《こうはん》

そして、7月上旬《がつじょうじゅん》（22億年前《おくねんまえ》）、核《かく》やミトコンドリアを内部《ないぶ》にもった真核生《しんかくせい》物《ぶつ》が登場《とうじょう》する。わたしたち人間《にんげん》をはじめ、現在《げんざい》、地球上《ちきゅうじょう》に生《い》きているほとんどの生物《せいぶつ》を構成《こうせい》する細胞《さいぼう》ができあがったのだ。そして、生命《せいめい》は一気《いっき》に1000倍近《ばいちか》くも大《おお》きくなった。そのきっかけになった事件《じけん》については、第《だい》2巻《かん》を読《よ》んでいただこう。

8月中旬《がつちゅうじゅん》、夏休《なつやす》みもあとわずかになり、宿題《しゅくだい》がそろそろ気《き》になってくる頃《ころ》、多細胞生物《たさいぼうせいぶつ》が現《あらわ》れる。17億年《おくねん》ほど前《まえ》のことだ。そして、秋《あき》も深《ふか》まった11月《がつ》上旬《じょうじゅん》から中旬《ちゅうじゅん》にかけて（6億《おく》〜5億《おく》4000万年前《まんねんまえ》）、生物《せいぶつ》は突然大型化《とつぜんおおがたか》する。全長《ぜんちょう》1m《メートル》もある、わらじのおばけのようなディッキンソニアなど、おかしな形《かたち》をした生物《せいぶつ》が登場《とうじょう》するのだ。この時代《じだい》のさまざまな大型生物《おおがたせいぶつ》は、エディアカラ生物群《せいぶつぐん》と呼《よ》ばれている。生物《せいぶつ》は、2回目《かいめ》の大型化《おおがたか》を図《はか》ったのだ。この原因《げんいん》についても第《だい》2巻《かん》を見《み》てほしい。

もう、今年《ことし》も1か月半《げつはん》しか残《のこ》っていないのに、生物《せいぶつ》はまだ海《うみ》の中《なか》にいる。植物《しょくぶつ》や昆虫《こんちゅう》などの生物《せいぶつ》が地上《ちじょう》に進出《しんしゅつ》したのは、11月《がつ》23日頃《にちごろ》のこと（4億《おく》

6000万年前《まんねんまえ》）。そして、12月《がつ》3日《みっか》（3億《おく》6500万年前《まんねんまえ》）、初《はじ》めて上陸《じょうりく》した脊椎動物《せきついどうぶつ》は両生類《りょうせいるい》の仲間《なかま》だった。12月《がつ》になると、やたらに生物《せいぶつ》の進化《しんか》、というか変化《へんか》が激《はげ》しく急速《きゅうそく》になる。

めまぐるしく変化《へんか》する12月《がつ》

6日頃《むいかごろ》（3億《おく》4000万年前《まんねんまえ》）には、は虫類《ちゅうるい》が両生類《りょうせいるい》から進化《しんか》。14日《か》（2億《おく》年前《ねんまえ》）になると、恐竜《きょうりゅう》と翼竜《よくりゅう》が出現《しゅつげん》し、恐竜《きょうりゅう》の時代《じだい》が幕《まく》を開《あ》けた。と、思《おも》っていたのもわずか10日《とおか》ばかりのことだった。26日《にち》（6500万年前《まんねんまえ》）に恐竜《きょうりゅう》は繁栄《はんえい》の時代《じだい》を終《お》え、絶滅《ぜつめつ》してしまう。この原因《げんいん》については、大隕石《だいいんせき》の衝突《しょうとつ》など、諸説《しょせつ》が語《かた》られている。

この間《あいだ》、恐竜《きょうりゅう》の陰《かげ》に隠《かく》れて、ひっそりと主役《しゅやく》の座《ざ》をねらっていたのが同《おな》じ頃《ころ》に現《あらわ》れたほ乳類《にゅうるい》だった。ほ乳類《にゅうるい》は進《しん》化《か》を続《つづ》け、同《おな》じ日《ひ》の夜遅《よるおそ》く（5500万年前《まんねんまえ》）には、霊長類《れいちょうるい》が生《う》まれる。

明日《あす》でこの1年《ねん》も終《お》わりという30日《にち》の夕方《ゆうがた》（600万年前《まんねんまえ》）、人類《じんるい》の祖先《そせん》が誕生《たんじょう》する。そして31日《にち》になると、目《め》が回《まわ》るくらい忙《いそが》しくなる。午後《ごご》11時《じ》59分頃《ふんごろ》には、縄文《じょうもん》・弥生時代《やよいじだい》を迎《むか》え、57秒《びょう》には、徳川家康《とくがわいえやす》が江戸幕府《えどばくふ》を開《ひら》いた。その2秒後《びょうご》、江戸時代《えどじだい》は明治維新《めいじいしん》をもって終《お》わりを告《つ》げ、近代日本《きんだいにほん》が幕《まく》を開《あ》けた。産業革命《さんぎょうかくめい》が起《お》こったのも、ちょうどこの頃《ころ》。1日《にち》の終《お》わりの1秒前《びょうまえ》のことだった。

こうやって地球《ちきゅう》の46億年《おくねん》を1年《ねん》にしてみると、人間《にんげん》なんてちりみたいな存在《そんざい》なんだってことがわかる。その人《にん》間《げん》が、12月《がつ》31日《にち》の紅白歌合戦《こうはくうたがっせん》が終《お》わるまでは健全《けんぜん》だった地球《ちきゅう》を、1日《にち》の残《のこ》りわずか数秒《すうびょう》で、壊《こわ》し始《はじ》めたのだ。このままでは、新年《しんねん》を迎《むか》えることなんてできなくなってしまう。なんとかしなくては。

第一章《だいいっしょう》

激《はげ》しかった地球《ちきゅう》誕生《たんじょう》

❶20個《こ》の原始《げんし》惑星《わくせい》

ここがN《エヌ》スタジオ――
僕《ぼく》たちの番組《ばんぐみ》は、ここで作《つく》られるんだよ。
うわぁ広《ひろ》～～～い♡
えーそれでは、
説明進行《せつめいしんこう》の方《ほう》を第一集担当《だいいっしゅうたんとう》の私《わたし》、田附《たづけ》が務《つと》めさせていただきます。

お手伝《てつだ》いをしてくれる方《かた》をご紹介《しょうかい》します。
どうぞ。
チーフ・ディレクター 田《た》附《づけ》英《ひで》樹《き》
え？
やあ！
強《つよし》クンに陽子《ようこ》ちゃん、はじめまして!!
え⁉ 誰《だれ》…？
どこにいるんですか？
はじめまして…
ふふ♪ 今《いま》のところ声《こえ》だけ。
そのうち誰《だれ》の声《こえ》かわかるよ。
は…あ…

ほな早速《さっそく》
始《はじ》めまひょか?
あ、
暗《くら》く
なった…
まず強《つよし》クンの質問《しつもん》にある
〝生命《せいめい》の誕生《たんじょう》〟の前《まえ》に、
誕生間《たんじょうま》もない頃《ころ》の
地球《ちきゅう》の姿《すがた》から
説明《せつめい》しよか?
お〜〜〜!
きれい
…!!

これは誕生直後《たんじょうちょくご》の太陽《たいよう》とその周《まわ》りを取《と》り囲《かこ》むちりとガスでな
やがて、ちりやガスは一千年《いっせんねん》から一万年《いちまんねん》かけて平面上《へいめんじょう》に集《あつ》まり
互《たが》いに衝突《しょうとつ》し始《はじ》めるんや。
たった1年《ねん》から10年《ねん》の間《あいだ》に直径《ちょっけい》1～10キロの微惑星《びわくせい》が出来上《できあ》がったんやな。
す…ごい！

しかしやがて
その成長《せいちょう》はピタリと
止《と》まってん……
え…
なんで？
もう周《まわ》りの
ちりやガスを
集《あつ》めきって
しまったんや。
材料《ざいりょう》が
無《な》くなったん
やね。
35
太陽《たいよう》の周《まわ》りには
同心円《どうしんえん》で回《まわ》る
20個《こ》の原始《げんし》惑星《わくせい》が
出来《でき》たん……

はーーい
質問《しつもん》！
ん？
何《なに》かな？
ねエ、その前《まえ》に
声《こえ》だけのあなたを
何《なん》て呼《よ》んだら
いいの？
うっ!?
ぷっ
み…
ミト…
？
水《み》戸《と》…
水《み》戸《と》ちゃんで
いいや♡
ぷぷぷ
あーっははは
じゃあ
水戸《みと》ちゃん♬
その中《なか》で
地球《ちきゅう》は
ど〜〜れ？

あはは♬ 陽子《ようこ》ちゃんはせっかちやなあ!
待《ま》っててや、そのうちわかるよってに…♡
――さて、太陽《たいよう》に近《ちか》い原始惑星《げんしわくせい》は高温《こうおん》のため灼熱《しゃくねつ》の星《ほし》となった。
逆《ぎゃく》に太陽《たいよう》から遠《とお》い原始惑星《げんしわくせい》は一面《いちめん》真《ま》っ白《しろ》な氷《こおり》の星《ほし》や。
…そして現在《げんざい》の地球《ちきゅう》の軌道付近《きどうふきん》にあった数個《すうこ》の原始《げんし》惑星《わくせい》には――
青《あお》い海《うみ》が広《ひろ》がっていたと考《かんが》えられている。
うわ〜〜〜っキレ〜〜〜イ!!
そう――まるで宝石《ほうせき》のような色《いろ》とりどりの惑星《わくせい》。

この状態《じょうたい》が
およそ1000万年《まんねん》の間《あいだ》
続《つづ》いていたと
言《い》われておるんや。

しかし現在《げんざい》の火星軌道《かせいきどう》までの範囲《はんい》に、今《いま》の地球《ちきゅう》の1/10くらいの大《おお》きさの原始惑星《げんしわくせい》が――
20個《こ》もひしめき合《あ》って回《まわ》っていたんや。

おのずと間隔《かんかく》は狭《せま》かった。
今《いま》の地球《ちきゅう》と金星《きんせい》の距離《きょり》の1/4くらいやろか？
お互《たが》いの重力《じゅうりょく》で引《ひ》き合《あ》っていたんやけど——
ガスがバランスをとっていたんやな。
…しかしそのガスもやがて消《き》えると——？
…衝突《しょうとつ》!!

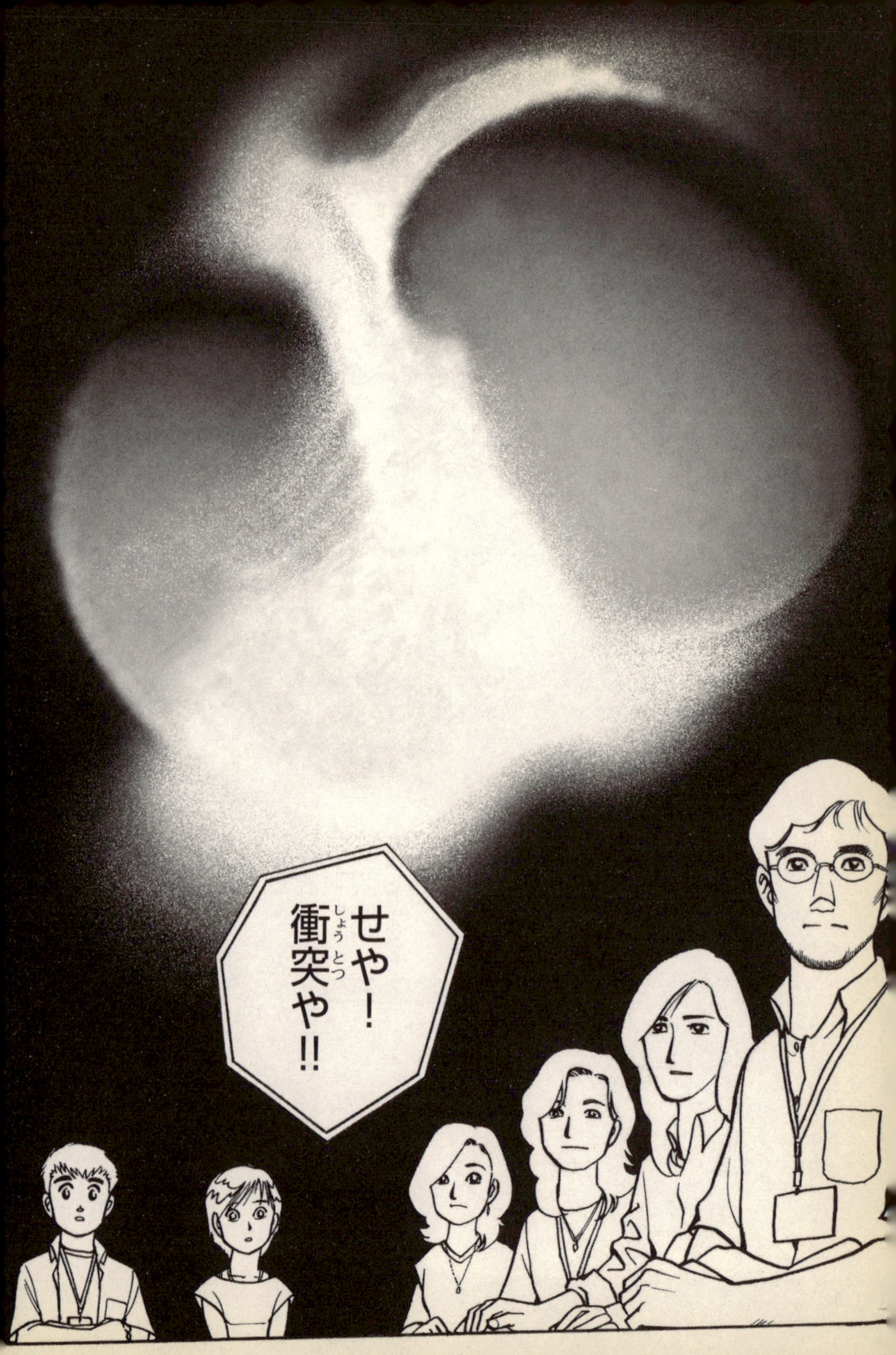
せや！衝突《しょうとつ》や!!

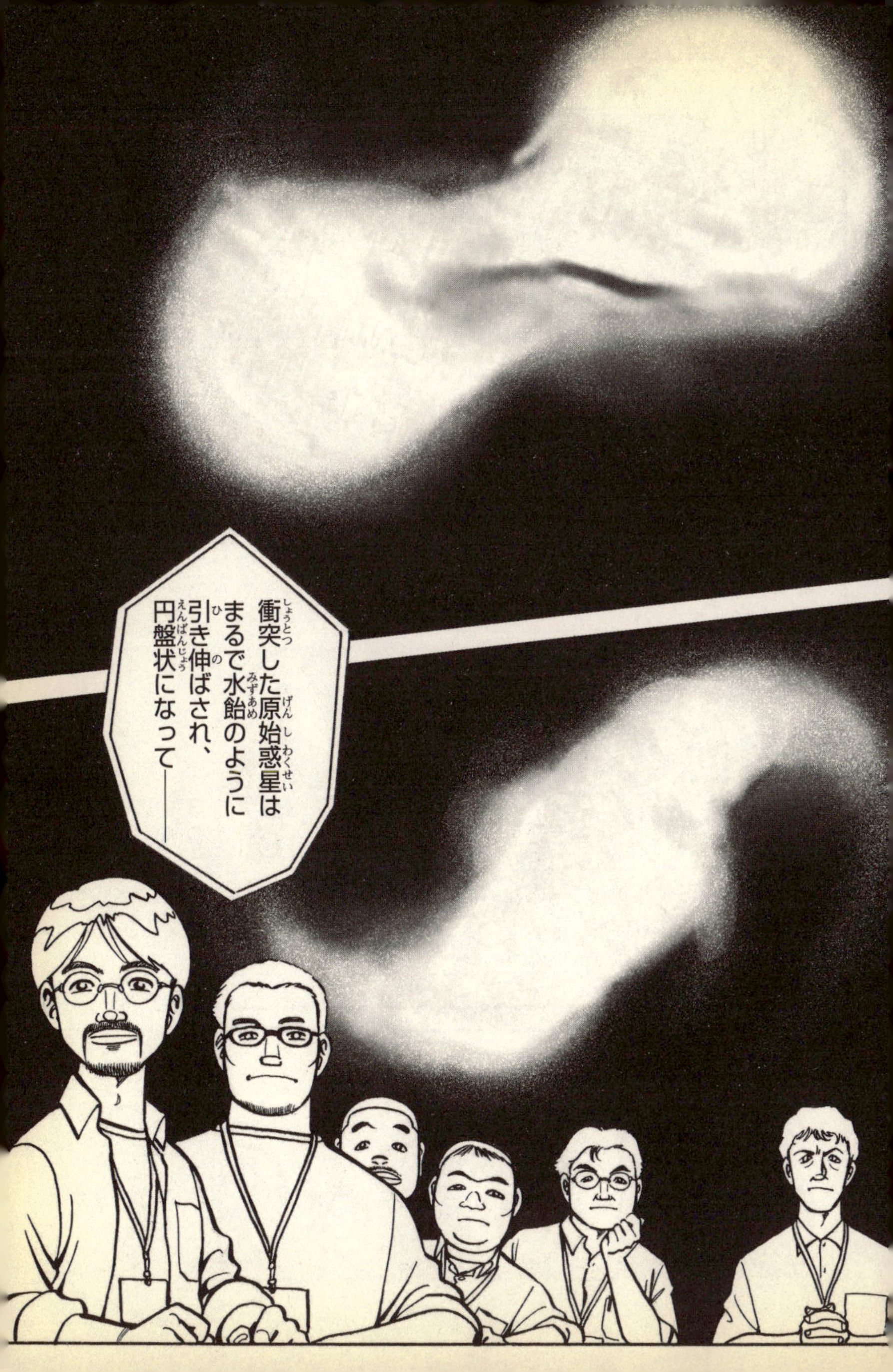
衝突《しょうとつ》した原始惑星《げんしわくせい》は
まるで水飴《みずあめ》のように
引《ひ》き伸《の》ばされ、
円盤状《えんばんじょう》になって——

…あ、
ひとつに
なっていく…！
そう！
こんな感《かん》じで
2倍《ばい》の大《おお》きさになった
原始惑星《げんしわくせい》は――

再《ふたた》び別《べつ》の原《げん》始《し》惑星《わくせい》と衝突《しょうとつ》して――
さらに大《おお》きくなっていくんやね。
太陽系《たいようけい》のあちこちで数十万年《すうじゅうまんねん》から数百万年《すうひゃくまんねん》に1回《かい》ぐらいのペースで、原《げん》始《し》惑星《わくせい》どうしの衝突《しょうとつ》が相次《あいつ》いだわけや。

44

幾度《いくど》もの衝突《しょうとつ》で厚《あつ》い大気《たいき》も一部《いちぶ》吹《ふ》き飛《と》ばされ――
現在《げんざい》の地球《ちきゅう》の9割《わり》ほどの大《おお》きさになった星《ほし》――
これが地球《ちきゅう》の前身《ぜんしん》や。どや陽子《ようこ》ちゃん、わかったかいな？
はあい♡
でもまだ9割《わり》の大《おお》きさなんでしょ？
ゴゴゴ…
――そう！じつは最後《さいご》の原始惑星《げんしわくせい》との衝突《しょうとつ》があったんや。
最後《さいご》の衝突《しょうとつ》…!?
ゴク…

❷地球《ちきゅう》の完成《かんせい》！——月《つき》の形成《けいせい》——

——それでは
小久保《こくぼ》さんと一緒《いっしょ》に
最後《さいご》に生《い》き残《のこ》った
原始惑星《げんしわくせい》との衝突《しょうとつ》の
様子《ようす》を見《み》てみましょう！

47

原始惑星《げんしわくせい》との衝突《しょうとつ》を
何度《なんど》も繰《く》り返《かえ》して
大《おお》きくなった原始地球《げんしちきゅう》は
厚《あつ》く覆《おお》っていた大気《たいき》も
吹《ふ》き飛《と》ばされて、
半分《はんぶん》ほど海《うみ》がのぞいて
いたと思《おも》われます。

…そこに最後《さいご》に生《い》き残《のこ》った原始惑星《げんしわくせい》が――
48
衝突《しょうとつ》します!!

じつは、この瞬間《しゅんかん》に現在《げんざい》の地球《ちきゅう》の姿《すがた》の大部分《だいぶぶん》が決《き》まったんですよねエ♡
この衝突《しょうとつ》の力《ちから》によって地球《ちきゅう》の自転《じてん》は加速《かそく》し、現在《げんざい》までかかって1日《にち》24時間《じかん》となったのです！
51
そして地軸《ちじく》の傾《かたむ》きも現在《げんざい》では23・5度《ど》となった。
日本《にほん》に豊《ゆた》かな四季《しき》の変化《へんか》があるのは、この衝突《しょうとつ》のおかげなんですよねえ……

——しかし、最《もっと》も劇的《げきてき》な変化《へんか》はこのあと起《お》こりました。
ギュッ
…へえ、夢中《むちゅう》になって見《み》てるじゃん♪

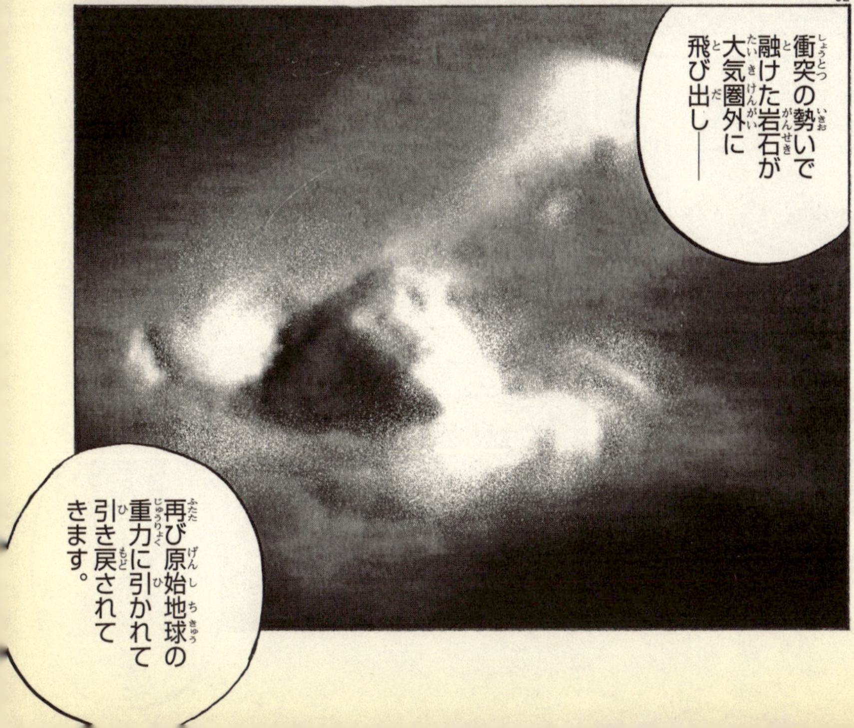
衝突《しょうとつ》の勢《いきお》いで融《と》けた岩石《がんせき》が大気圏外《たいきけんがい》に飛《と》び出《だ》し——
再《ふた》び原始地球《げんしちきゅう》の重力《じゅうりょく》に引《ひ》かれて引《ひ》き戻《もど》されてきます。

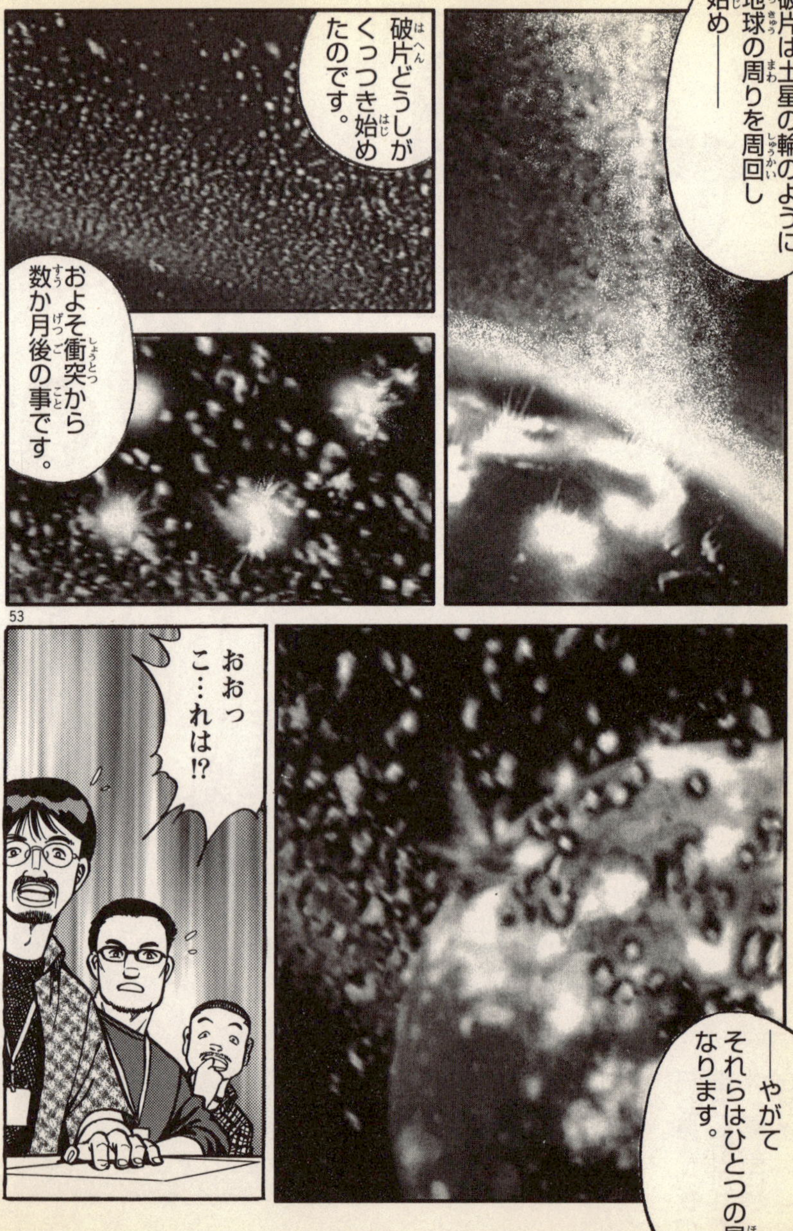
破片《はへん》は土星《どせい》の輪《わ》のように地球《ちきゅう》の周《まわ》りを周回《しゅうかい》し始《はじ》め——
破片《はへん》どうしがくっつき始《はじ》めたのです。
およそ衝突《しょうとつ》から数《すう》か月後《げつご》の事《こと》です。
——やがてそれらはひとつの星《ほし》となります。
おおっ こ…れは!?

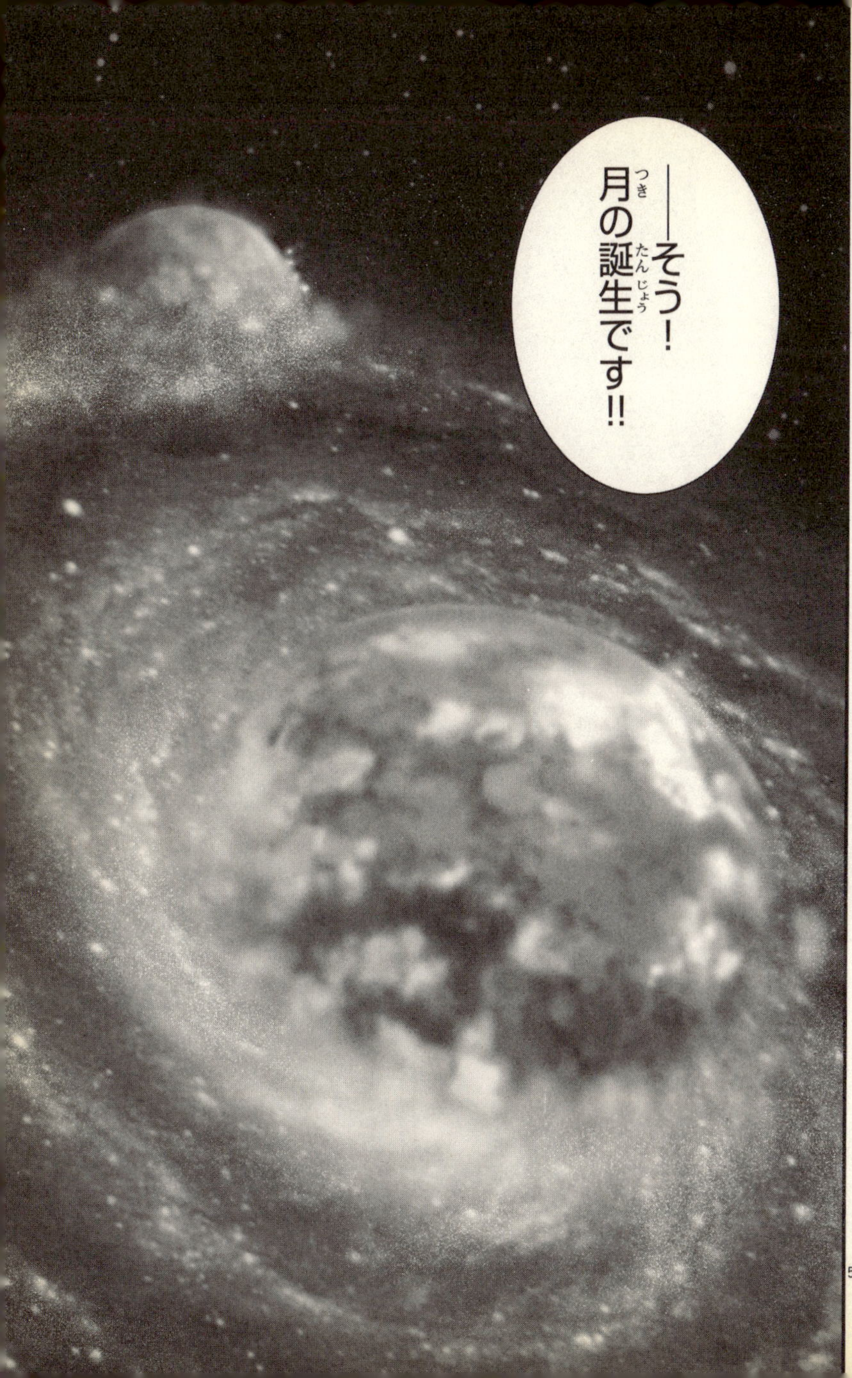
――そう！月《つき》の誕生《たんじょう》です!!

こうしてすべての破片《はへん》が月《つき》と地球《ちきゅう》に吸収《きゅうしゅう》され——
地球《ちきゅう》と月《つき》が完成《かんせい》しました。
月《つき》は地球《ちきゅう》の自転《じてん》を安定《あんてい》させ——
気候《きこう》を安定《あんてい》させる重要《じゅうよう》な役割《やくわり》を果《は》たしているのです。
…もしもこの時《とき》の衝突《しょうとつ》の仕方《しかた》が少《すこ》しでも違《ちが》っていたら——
地球《ちきゅう》はもっと小《ちい》さい星《ほし》になって——

55

我々《われわれ》人類《じんるい》は おろか――
生命《せいめい》すら存在《そんざい》 しなかったかも しれないのです。
パチ
パチ
いやあ 素晴《すば》らしい 研究《けんきゅう》でした！
ありがとう ございました 小久保《こくぼ》さん。
いえ
いえ
どもども

NHK内《エヌエイチケーない》：食堂《しょくどう》
どうだった強《つよし》クン？
まず――
我々《われわれ》の星「地球《ちきゅう》」の誕生《たんじょう》から見《み》てきた訳《わけ》だけど――？
はい、感動《かんどう》しました。
――もしも原始《げんし》惑星《わくせい》だった頃《ころ》に衝突《しょうとつ》を繰《く》り返《かえ》して現在《げんざい》の大《おお》きさになっていなかったら――
57
そして何《なに》より太陽《たいよう》との距離《きょり》が現在《げんざい》の距離《きょり》でなかったら――
そう、
僕《ぼく》たちは決《けっ》して生《う》まれていなかった。

もしも火星《かせい》のように小《ちい》さいままだったら、おそらく数億年《すうおくねん》で大気《たいき》や海《うみ》を失《うしな》って「死《し》の星《ほし》」になっていただろうね。
それを「寿命《じゅみょう》」とするなら——
地球《ちきゅう》は大《おお》きくなることによって40億年《おくねん》以上《いじょう》に渡《わた》り「生命《せいめい》」を育《はぐく》み続《つづ》ける事《こと》が出来《でき》た。
小《ちい》さいままだったら寿命《じゅみょう》も短《みじか》くて——
たとえ生命《せいめい》が誕生《たんじょう》したとしてもバクテリア以上《いじょう》に進化《しんか》しなかったんでしょうね。
58
「母《はは》なる地球《ちきゅう》」…という言葉《ことば》は本当《ほんとう》だったんですね。
え!?
…いや、
それは違《ちが》うな。

最後《さいご》の衝突《しょうとつ》が物語《ものがた》るように——
この大《おお》きさになったからこそ——「大変動《だいへんどう》の星《ほし》」になったという事《こと》が判《わか》ってきたんだ。

59

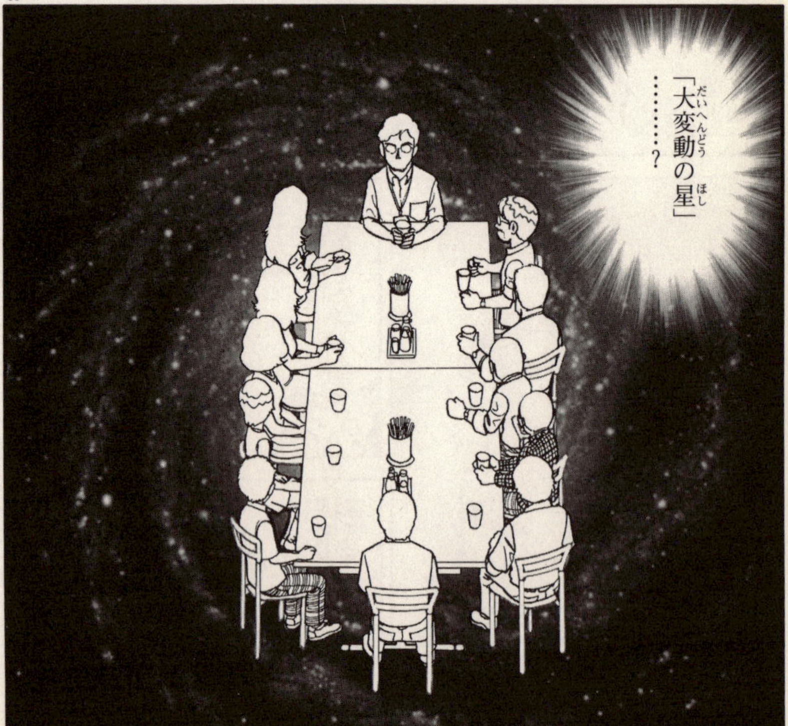
「大変動《だいへんどう》の星《ほし》」………？

月《つき》はいつでも同《おな》じ顔《かお》を見《み》せている

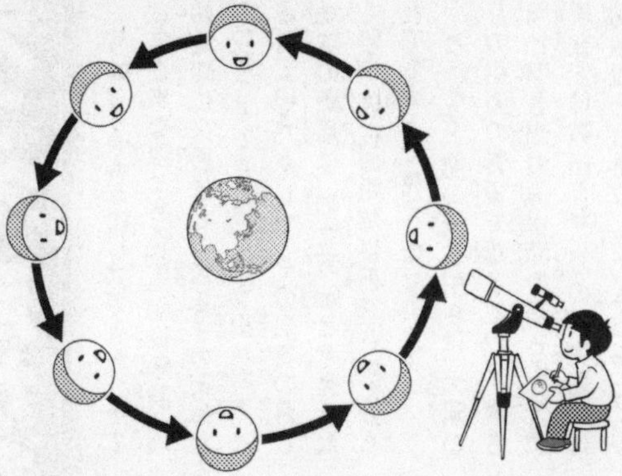

「月《つき》では、うさぎがおもちをついているんだ」という話《はなし》を聞《き》いたことのある人《ひと》は多《おお》いだろう。これは、月《つき》の表面《ひょうめん》のでこぼこが、太陽《たいよう》の光《ひかり》を反射《はんしゃ》して、明《あか》るい部分《ぶぶん》と暗《くら》い部分《ぶぶん》をつくって、うさぎのように見《み》えるだけで、うさぎなんて、もちろんいない。

ところで月《つき》は、満《み》ちたり欠《か》けたり形《かたち》は変《か》わるけれど、でこぼこの模様《もよう》は変《か》わらない。そう、月《つき》は地球《ちきゅう》にいつも同《おな》じ側《がわ》しか見《み》せていないのだ。これは、月《つき》が地球《ちきゅう》のまわりを1周《しゅう》する（公転《こうてん》）間《あいだ》に、月自体《つきじたい》もちょうど1回転《かいてん》する（自転《じてん》）からだ。月《つき》は、公転周期《こうてんしゅうき》と自転周期《じてんしゅうき》が同《おな》じ（27.3日《にち》）なので、地球《ちきゅう》のどの場所《ばしょ》から見《み》ても、いつも同《おな》じ側《がわ》しか見《み》えない、というわけ。

また、これまでの研究《けんきゅう》から、地球《ちきゅう》に向《む》けている月《つき》の面《めん》は、裏側《うらがわ》よりも重《おも》いことがわかった。まるで、起《お》き上《あ》がりこぼしがいつもお尻《しり》を地面《じめん》（地球《ちきゅう》の中心《ちゅうしん》）に向《む》けているように、月《つき》も重《おも》い面《めん》、つまり、いつも見《み》ている面《めん》を地球《ちきゅう》に向《む》けているんだ。

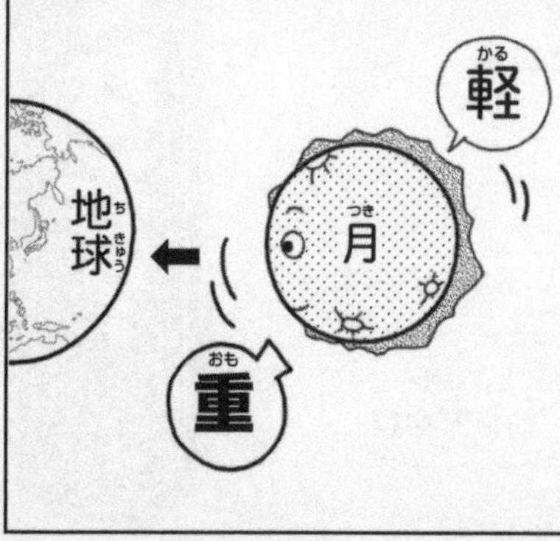

えっ?! 月《つき》がだんだん小《ちい》さくなる?

月《つき》は、どのようにしてできたのか？　さまざまな説《せつ》があるが、46億年前《おくねんまえ》、原《げん》始地球《しちきゅう》に火星《かせい》ほどの大《おお》きさの天体《てんたい》がぶつかってできた、という説《せつ》が有力《ゆうりょく》とされている。そして、その当時《とうじ》の月《つき》と地球《ちきゅう》の距離《きょり》は、約《やく》2万《まん》km《キロメートル》と考《かんが》えられている。現在《げんざい》の距離《きょり》は約《やく》38万《まん》km《キロメートル》だから、とても大《おお》きく見《み》えたことだろう。

ところで、海《うみ》の満《み》ち引《ひ》きは、太陽《たいよう》と月《つき》の引力《いんりょく》の影響《えいきょう》で起《お》きている。満《み》ち潮《しお》と引《ひ》き潮《しお》の海水面《かいすいめん》の高《たか》さの差《さ》は、現在《げんざい》では数《すう》m《メートル》だが、月《つき》の誕生《たんじょう》当時《とうじ》は10m《メートル》以上《いじょう》もあり、海《うみ》の水《みず》は激《はげ》しくかきまわされたという。そして、それが生命《せいめい》の誕生《たんじょう》につながった、ともいわれている。

海水《かいすい》の激《はげ》しい動《うご》きは、地球《ちきゅう》と月《つき》の関係《かんけい》にも大《おお》きな影響《えいきょう》を及《およ》ぼした。当《とう》時《じ》の地球《ちきゅう》は、現在《げんざい》よりも速《はや》いスピードで自転《じてん》していたが、激《はげ》しく動《うご》く海水《かいすい》は、海底《かいてい》の地面《じめん》とまさつを起《お》こして、少《すこ》しずつ地球《ちきゅう》の自転《じてん》にブレーキをかけた。地球《ちきゅう》の自転速度《じてんそくど》が遅《おそ》くなると、月《つき》が遠《とお》ざかろうとする力《ちから》のほうが地球《ちきゅう》の引力《いんりょく》よりも大《おお》きくなり、月《つき》は、少《すこ》しずつ離《はな》れていくことになる。月《つき》が誕生《たんじょう》してから46億年間《おくねんかん》に36万《まん》km《キロメートル》も遠《とお》くなり、今《いま》でも1年《ねん》に3.8cm《センチメートル》ずつ地球《ちきゅう》から離《はな》れつつある。たったの3.8cm《センチメートル》と考《かんが》えてはいけない。1億年後《おくねんご》には、３８００km《キロメートル》も遠《とお》ざかるのだ。もっとも、地球《ちきゅう》から離《はな》れるにつれて、そのスピードは遅《おそ》くなっていく。月《つき》は、40億年後《おくねんご》に地球《ちきゅう》から50万《まん》km《キロメートル》のところまで離《はな》れ、そこでとまると考《かんが》えられている。そのころの月《つき》は、とっても小《ちい》さく見《み》えるだろうね。

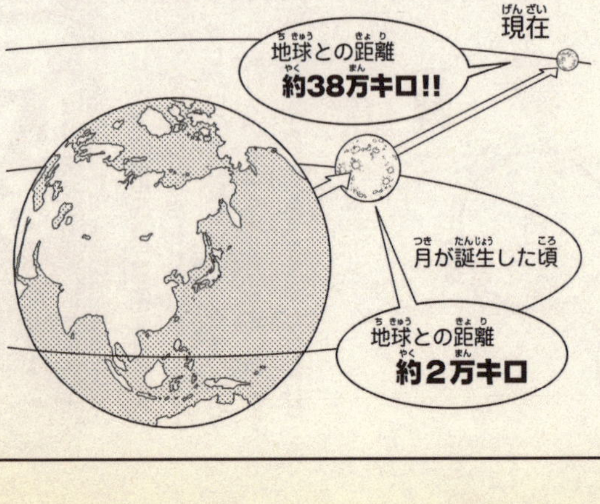

第《だい》二《に》章《しょう》
全《ぜん》海《かい》洋《よう》蒸《じょう》発《はつ》
❶バリンガー隕《いん》石《せき》孔《こう》

え〜〜〜
それでは先程《さきほど》の
話《はなし》の続《つづ》きで——
地球《ちきゅう》は「優《やさ》しい母《はは》」とは程遠《ほどとお》い
大変動《だいへんどう》を繰《く》り返《かえ》す
「荒《あら》ぶる星《ほし》」であったという
検証《けんしょう》に入《はい》りたいと思《おも》います。
まずはこのテープを見《み》ていただきます。
水戸《みと》ちゃんヨロシクね♡
高間《たかま》さんも渋《しぶ》いけど…
田附《たづけ》さんもカッコイイよね〜♪
やれやれ…

ここはバリンガー隕石孔《いんせきこう》。
アリゾナ大隕石孔《だいいんせきこう》国定記念物《こくていきねんぶつ》に指定《してい》されています。
今《いま》から5万年前《まんねんまえ》に隕石《いんせき》が衝突《しょうとつ》して出来《でき》たと言《い》われており――
直径《ちょっけい》1.2キロ深《ふか》さ170メートルを誇《ほこ》り――
地表《ちひょう》に残《のこ》る隕石孔《いんせきこう》としては世界最大《せかいさいだい》とされています。
これはサッカースタジアム約《やく》170個分《こぶん》の広《ひろ》さなんです。
へえ、そんなに大《おお》きいんだあ!!
あら…？観光客《かんこうきゃく》も来《き》てるの？

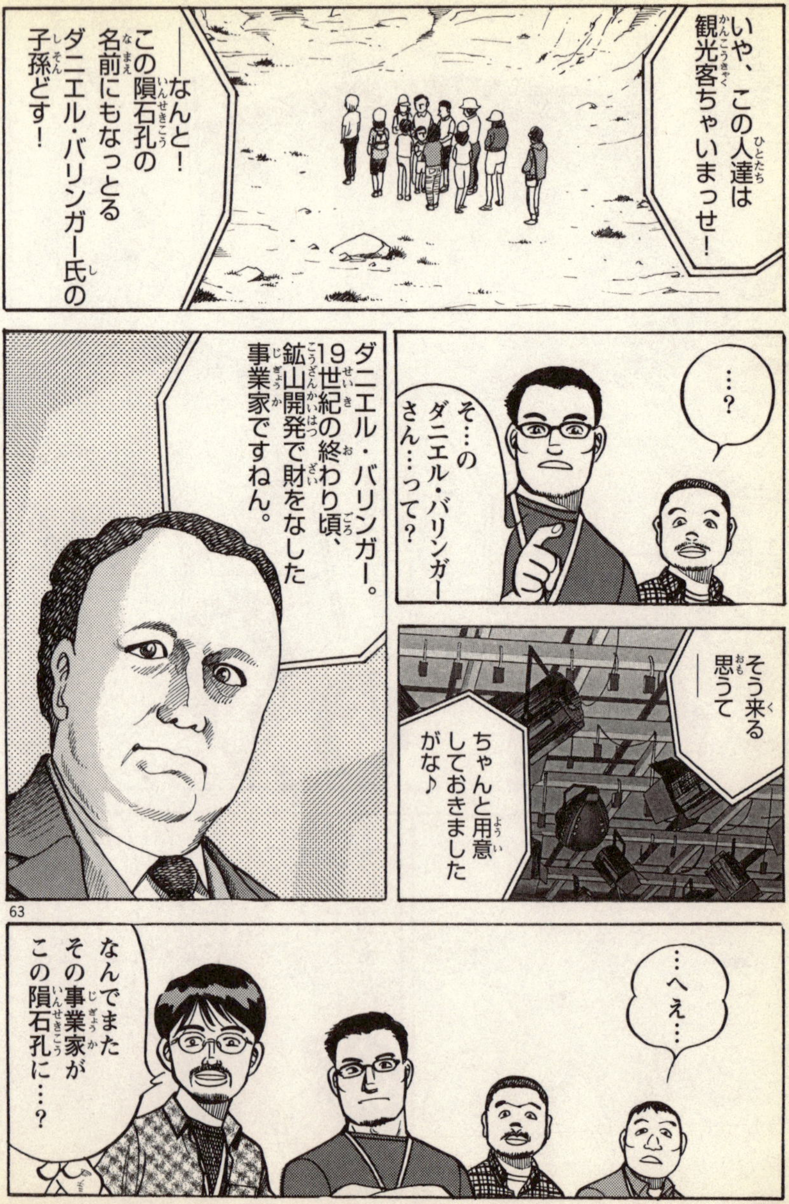

いや、この人達《ひとたち》は観光客《かんこうきゃく》ちゃいまっせ!
—なんと!この隕石孔《いんせきこう》の名前《なまえ》にもなっとるダニエル・バリンガー氏《し》の子孫《しそん》どす!
…?
そ…のダニエル・バリンガーさん…って?
そう来《く》ると思《おも》うて—
ちゃんと用意《ようい》しておきましたがな♪
ダニエル・バリンガー。19世紀《せいき》の終《お》わり頃《ごろ》、鉱山開発《こうざんかいはつ》で財《ざい》をなした事業家《じぎょうか》ですねん。
…へえ…
なんでまたその事業家《じぎょうか》がこの隕石孔《いんせきこう》に…?

63

──当時《とうじ》このクレーターは火山《かざん》の噴火《ふんか》で出来《でき》た説《せつ》が有力《ゆうりょく》でしたん。
なあんと1903年《ねん》にここを買《か》い取《と》りました。
ええっ!?買《か》い取《と》ったの〜〜!?
…ところがこのバリンガーはんは、隕石《いんせき》の衝突《しょうとつ》で出来《でき》たと主張《しゅちょう》して──
つまりこのクレーターの直径《ちょっけい》と同《おな》じくらいの隕石《いんせき》──
鉄《てつ》の塊《かたまり》が埋《う》まっていると思《おも》うたんやな。
ははあなるほどね…♪
大《おお》もうけ出来《でき》ると信《しん》じて掘削《くっさく》は20年《ねん》以上《いじょう》続《つづ》いたんや。
投資額《とうしがく》は現在《げんざい》のお金《かね》にして10億円《おくえん》を超《こ》えましてん。

がーん！
……そんな中《なか》、モルトンという天文学者《てんもんがくしゃ》が「クレーターを作《つく》った隕石《いんせき》は直径数《ちょっけいすう》10 m《メートル》に過《す》ぎない」という研究《けんきゅう》データを発表《はっぴょう》！
んなバカな事《こと》あるかいっ!!
彼《かれ》は学者達《がくしゃたち》に依頼《いらい》して反論《はんろん》を展開《てんかい》したんやけど、
出《で》てくる結果《けっか》はモルトンの計算《けいさん》を裏付《うらづ》けるものばかり
……
…とうとう彼《かれ》は資産《しさん》のほとんどを失《うしな》い、心臓発作《しんぞうほっさ》のため69歳《さい》でこの世《よ》を去《さ》りました。
………
かわいそ〜

それからちょうど100年目《ねんめ》に当《あ》たる年《とし》に子孫達《しそんたち》が集《あつ》まっているんや。
ちょっと話《はなし》を聞《き》いてみよ♪
…ここに来《く》るとおじいちゃんの気持《きも》ちがよくわかるよ。
だってこの巨大《きょだい》な穴《あな》がわずか30m《メートル》の隕石《いんせき》によって出来《でき》た穴《あな》だなんて
そう簡単《かんたん》には信《しん》じられないよ。

――さて、次《つぎ》に我々《われわれ》はNASA《ナサ》のエイムズ研究《けんきゅう》センターを取材《しゅざい》しました。
ここには世界最大《せかいさいだい》の「衝突実験装置《しょうとつじっけんそうち》」があるのです。
衝突実験《しょうとつじっけん》装《そう》…置《ち》？
…それがいま見《み》て来《き》たバリンガーの隕石《いんせき》と何《なに》か関連《かんれん》あるの？
ずんっ
〝大《おお》あり〟なんです！
!!
いや…なんか恐《こわ》い…田附《たづけ》さん!!
そもそも原始惑星時代《げんしわくせいじだい》に――
いく度《たび》かの衝突《しょうとつ》を経《へ》て巨大化《きょだいか》してきた地球《ちきゅう》ですが……

67

巨大《きょだい》化《か》するということは……?
…引力《いんりょく》が強《つよ》くなる?
その通《とお》りです。
バリンガー隕石孔《いんせきこう》での計算《けいさん》では直径《ちょっけい》約《やく》30m《メートル》の隕石《いんせき》だったという事《こと》ですが
月《つき》が形成《けいせい》された時《とき》のあの衝突《しょうとつ》とまではいかなくても
巨大《きょだい》な引力《いんりょく》を持《も》った地球《ちきゅう》には他《ほか》の原始惑星《げんしわくせい》以外《いがい》の微惑星《びわくせい》や隕石《いんせき》を強力《きょうりょく》に引《ひ》きつける力《ちから》があった!
…そして引力《いんりょく》が強《つよ》いほど――
衝突《しょうとつ》する時《とき》のスピードも速《はや》くなるのです!

そこで、このエイムズ研究《けんきゅう》センターの装置《そうち》を使《つか》い——
いろいろな条件下《じょうけんか》で隕石《いんせき》が地球上《ちきゅうじょう》に及《およ》ぼす影響《えいきょう》について実験《じっけん》する訳《わけ》です。
パチ
パチ
パチ
素晴《すば》らしいぞ田附《たづけ》!
おお…!
や
ども
どもっ
ども
それじゃあ水戸《みと》ちゃん、いこうか？
お♡任《まか》しといてちょ♬
69
それでは、この研究《けんきゅう》センターのシュルツ博士《はかせ》と共《とも》に解説《かいせつ》していこ。
博士《はかせ》よろしく。
はいな♡
ゴージャス♪ゴージャス♪
ピーター・シュルツ博士《はかせ》

まず隕石《いんせき》が海《うみ》に衝突《しょうとつ》した場合《ばあい》を想定《そうてい》して
水槽《すいそう》の水《みず》を使《つか》って実験《じっけん》しましょう。
横《よこ》には高速《こうそく》カメラをセットしておきます。
衝突《しょうとつ》させるのは直径《ちょっけい》6ミリのアルミ弾《だん》――
秒速《びょうそく》6キロに設定《せってい》しておきます。
あ♪ちなみにこれはピストルの20倍《ばい》の速《はや》さね。
実験室《じっけんしつ》で出《だ》せる世界最速度《せかいさいそくど》です♬
おお――っ!!
素晴《すば》らしい!!
70
ほないきまっせ――っ!!
ウィーーー

ゴボッ!
ゴボッ!
ゴボ
あ…泡《あわ》だ!!
…それにいま光《ひか》った…!?
いや〜〜〜ん! 何《なに》が何《なん》だかさっぱりわからなかったあ!!
あっはは どーです? 何《なに》が起《お》きたのかわかりませんでしたやろ?
高速度《こうそくど》カメラでゆっくり見《み》てみまひょ♬
いきまっせ!

ハイ！いまアルミ弾《だん》が水中《すいちゅう》に飛《と》び込《こ》みます♡
閃光《せんこう》が走《はし》ります！
これは衝突《しょうとつ》エネルギーによって生《しょう》じたものです。
Oh ゴージャスゴージャス♫
さあここから熱《ねっ》せられた水《みず》によって水蒸気《すいじょうき》が発生《はっせい》します！
弾《たま》はものすごい熱《ねつ》を帯《お》びているちゅー事《こと》でんな！
…まったくこんな事《こと》が実際《じっさい》に起《お》きたとしたなら——
ほんま、えらいこっちゃ!!
…しかしもし地球《ちきゅう》が大《おお》きくなっていなかったとしたら——
……
衝突速度《しょうとつそくど》もこの半分《はんぶん》で済《す》んでいたとも言《い》えますな。
それも実験《じっけん》してみまひょ♡

72

今度《こんど》はアルミの弾《たま》を、
半分《はんぶん》の3キロで衝突《しょうとつ》させてみます。
いきまっせ♡
よう見《み》といてや♪
お…お今度《こんど》は水蒸気《すいじょうき》もほとんど出《で》ないぞ…！
閃光《せんこう》も…なかったわよね？

73

秒速《びょうそく》6キロ時《じ》
―要《よう》するに隕石《いんせき》の衝突《しょうとつ》によって発生《はっせい》する熱《ねつ》エネルギーは衝突速度《しょうとつそくど》の2乗《じょう》に比例《ひれい》して大《おお》きくなるちゅー事《こと》や！
秒速《びょうそく》3キロ時《じ》
地球《ちきゅう》は大《おお》きくなることによって隕石衝突時《いんせきしょうとつじ》に膨大《ぼうだい》な熱《ねつ》をまともに受《う》けることになったちゅー事《こと》やな！
…まあ、実際《じっさい》の隕石《いんせき》の速度《そくど》は――
きっとこの実験《じっけん》の3倍《ばい》の秒速《びょうそく》17キロはあったろうから――
…その時《とき》の温度《おんど》は…？
その時《とき》の温度《おんど》は――？
それは…
ゴク…
ニヤ…

4000度《ど》以上《いじょう》や。
いやあ〜こわ〜い〜
よ…4000度《ど》〜〜〜!?
はい、シュルツ博士《はかせ》ごくろーさまでした♬
パチ
お、おい、ちょっ…と待《ま》てや!!
おいっ、これだけか——いっ!?
ブン
パチ
さあエイムズ研究《けんきゅう》センターでの実験《じっけん》で隕石《いんせき》が衝突《しょうとつ》する時《とき》の状況《じょうきょう》が判《わか》りました。
——でも4000度《ど》という熱《ねつ》がどんなものか解《わか》りませんよネ?
あ、ああ…
75
こんな温度《おんど》です。
パチ

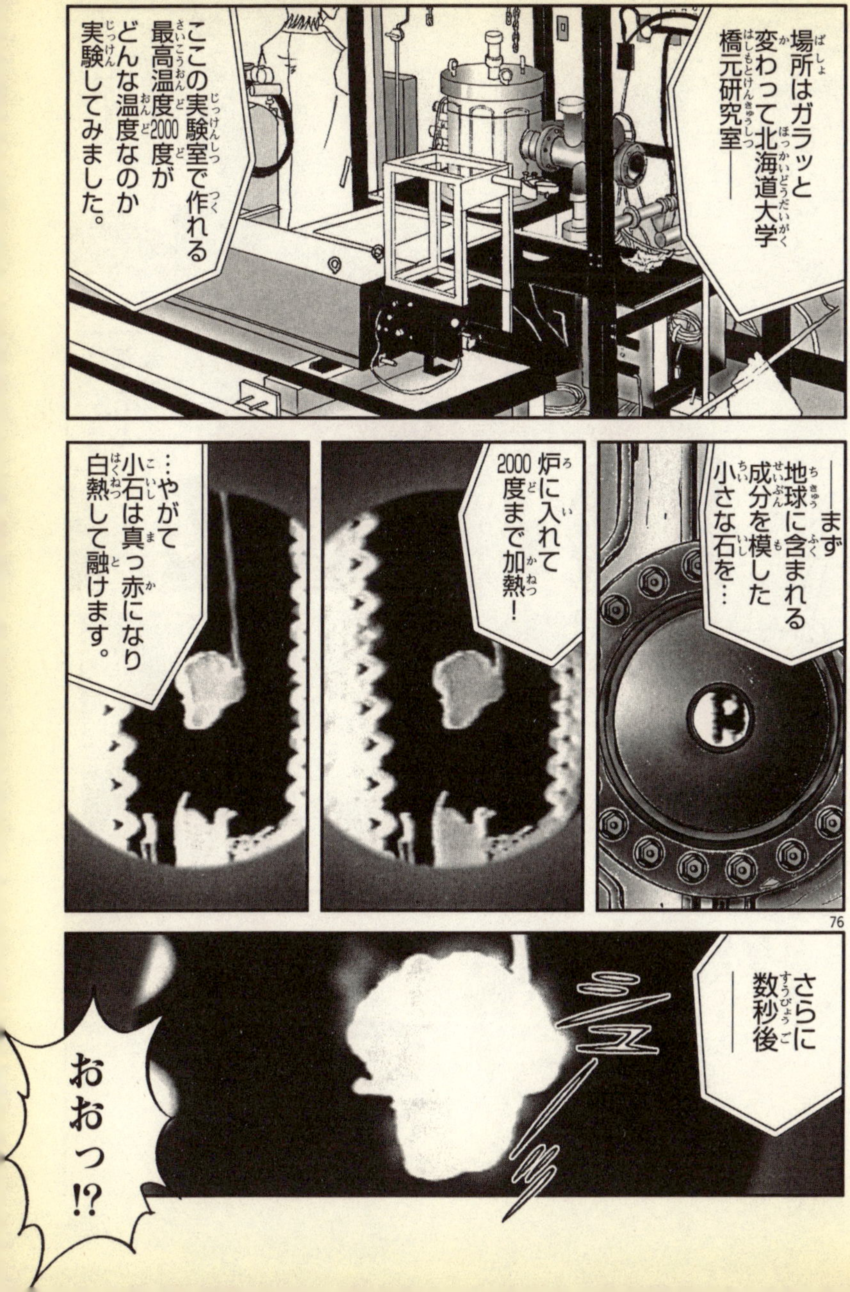

場所《ばしょ》はガラッと変《か》わって北海道大学《ほっかいどうだいがく》橋元研究室《はしもとけんきゅうしつ》――
ここの実験室《じっけんしつ》で作《つく》れる最高温度《さいこうおんど》2000度《ど》がどんな温度《おんど》なのか実験《じっけん》してみました。
――まず地球《ちきゅう》に含《ふく》まれる成分《せいぶん》を模《も》した小《ちい》さな石《いし》を…
炉《ろ》に入《い》れて2000度《ど》まで加熱《かねつ》!
…やがて小石《こいし》は真《ま》っ赤《か》になり白熱《はくねつ》して融《と》けます。
さらに数秒後《すうびょうご》――
おおっ!?

……石《いし》が完全《かんぜん》に——
融《と》けて沸騰《ふっとう》してるっ⁉
し……信《しん》じられない……！
ブツッ
パチン
つまり2000度《ど》という温度《おんど》は岩石《がんせき》でさえ——
液体《えきたい》を通《とお》り越《こ》し気体《きたい》になってしまうのです‼
じゃあ……大《おお》きくなった地球《ちきゅう》への隕石《いんせき》衝突《しょうとつ》では——
海《うみ》はもとより岩盤《がんばん》でさえ融《と》けてしまうという事《こと》か⁉

77

——そして、被害《ひがい》の大《おお》きさを決《き》めるもうひとつの要素《ようそ》。
それは隕石《いんせき》の大《おお》きさです！
こんな人《ひと》からコメントをもらっています。
スタンフォード大学《だいがく》のノーマン・スリープ博士《はかせ》。
そして先程《さきほど》のNASA《ナサ》エイムズ研究《けんきゅう》センター、ケビン・ザンレ博士《はかせ》。
ノーマン・スリープ博士《はかせ》
ケビン・ザンレ博士《はかせ》
彼《かれ》らは地殻変動《ちかくへんどう》が無《な》く40億年前《おくねんまえ》のクレーターがそのまま取《と》り残《のこ》されている『月《つき》』に注目《ちゅうもく》し——
『月《つき》』に衝突《しょうとつ》した隕石《いんせき》から、それより巨大《きょだい》な地球《ちきゅう》に衝突《しょうとつ》した隕石《いんせき》の大《おお》きさを算出《さんしゅつ》しました。

そして地球《ちきゅう》には最大《さいだい》で直径《ちょっけい》400km《キロメートル》以上《いじょう》の隕石《いんせき》が衝突《しょうとつ》した——!
——という結論《けつろん》を出《だ》しました。
よっ…400km《キロメートル》〜〜〜!!
400km《キロメートル》といったら——
東京《とうきょう》から名古屋《なごや》までの距離《きょり》じゃないか!?
——さらに博士《はかせ》は言《い》っています。
地球《ちきゅう》に400km《キロメートル》以上《いじょう》の隕石《いんせき》が衝突《しょうとつ》したら地表《ちひょう》にいる生物《せいぶつ》のほとんどが死《し》に絶《た》えてしまうだろう…と。
……

79

サイエンス・ノート 隕石《いんせき》と生命《せいめい》

生命《せいめい》の素《もと》は宇宙《うちゅう》から!?

地球《ちきゅう》に生命《せいめい》が誕生《たんじょう》したのは、40億《おく》年《ねん》ほど前《まえ》のことと考《かんが》えられている。その頃《ころ》の生命《せいめい》は、バクテリアのようなもので、大《おお》きさも1 mm《ミリメートル》の数千分《すうせんぶん》の1ぐらいしかなかった。それでも、宇宙《うちゅう》の中《なか》で、こんな生命《せいめい》が誕生《たんじょう》する確率《かくりつ》は、限《かぎ》りなくゼロに近《ちか》かったことだろう。生《せい》命《めい》の誕生《たんじょう》は、ほとんど奇跡《きせき》といってもいいのである。

ところで、生命《せいめい》が生命《せいめい》であるために必要《ひつよう》なものは何《なん》だろう？ それは、体《からだ》をつくるたんぱく質《しつ》と、遺伝《いでん》の情報《じょうほう》を伝《つた》える核酸《かくさん》だ。だから、その材料《ざいりょう》であるアミノ酸《さん》などの有機物《ゆうきぶつ》がなければ、生命《せいめい》は誕生《たんじょう》できない。では、有機物《ゆうきぶつ》は、どこにあったのだろうか？

これには、多《おお》くの説《せつ》がある。地球《ちきゅう》の大気中《たいきちゅう》にあった物質《ぶっしつ》が、雷《かみなり》や放射線《ほうしゃせん》などによって化学反応《かがくはんのう》を起《お》こしてできたという説《せつ》。もともと地球内部《ちきゅうないぶ》にあったという説《せつ》。そして、隕石《いんせき》や宇宙《うちゅう》のちりに混《ま》じって地球《ちきゅう》に降《ふ》ってきたという説《せつ》などだ。

わたしたち生物《せいぶつ》の体《からだ》は、どんどん分《ぶん》解《かい》していけば、原子《げんし》にまでいきつく。この原子《げんし》を生《う》み出《だ》したのは、137億年前《おくねんまえ》といわれる宇宙《うちゅう》の誕生《たんじょう》から幾度《いくど》となく起《お》こった、恒星《こうせい》の爆発《ばくはつ》なのだ。恒星《こうせい》は寿命《じゅみょう》がやってくると、最後《さいご》には大爆《だいばく》発《はつ》を起《お》こすのだが、このとき、膨大《ぼうだい》な量《りょう》の原子《げんし》が宇宙空間《うちゅうくうかん》に飛《と》び散《ち》る。それが、新《あら》たな恒星《こうせい》の素《もと》、生命《せいめい》の素《もと》になっている。そうだとすると、生命《せいめい》の素《もと》は隕石《いんせき》などに乗《の》って宇宙《うちゅう》からやってきたと、考《かんが》えられなくもない。私《わたし》たちは、星《ほし》のかけらなのだから……。

サイエンス・ノート　隕石《いんせき》と生命《せいめい》

火《か》星《せい》にも生《せい》命《めい》がいた?

46億年前《おくねんまえ》に太陽《たいよう》と太陽系《たいようけい》の惑星《わくせい》ができたとき、地球《ちきゅう》とほぼ同《おな》じような構造《こうぞう》でできたのが金星《きんせい》と火星《かせい》だ。この2つの惑星《わくせい》は地球《ちきゅう》と兄弟星《きょうだいぼし》なのだ。だから、地球《ちきゅう》と同様《どうよう》、金星《きんせい》と火星《かせい》にも生《せい》命《めい》がいてもおかしくない……。

金星《きんせい》は、地球《ちきゅう》とほぼ同《おな》じ大《おお》きさなのだが、太陽《たいよう》に近《ちか》すぎたため、海《うみ》を作《つく》るはずだった水蒸気《すいじょうき》は強烈《きょうれつ》な紫外線《しがいせん》によって分解《ぶんかい》され、すべてなくなった。また、大気《たいき》はおもに二酸化炭素《にさんかたんそ》なので、その温室効果《おんしつこうか》により地表《ちひょう》の温度《おんど》は470度《ど》以上《いじょう》。この灼熱地獄《しゃくねつじごく》では生命《せいめい》は誕《たん》生《じょう》できない。

一方《いっぽう》の火星《かせい》は、小《ちい》さすぎた。地球《ちきゅう》の半分以下《はんぶんいか》の大《おお》きさなので引力《いんりょく》が弱《よわ》く、大気《たいき》のほとんどは宇宙空間《うちゅうくうかん》に逃《に》げていった。また、太陽《たいよう》から遠《とお》いため温度《おんど》は低《ひく》く、水蒸気《すいじょうき》は雪《ゆき》や氷《こおり》になった。そのため、火星《かせい》にも生命《せいめい》はいないと考《かんが》えられてきたのだ。

ところが、2001年《ねん》、アメリカ航空《こうくう》宇宙局《うちゅうきょく》(NASA《ナサ》)が、南極《なんきょく》で発見《はっけん》された隕石《いんせき》の中《なか》に、生命《せいめい》の痕跡《こんせき》らしきものがあったと発表《はっぴょう》した。この隕石《いんせき》は、1500万年前《まんねんまえ》に火星《かせい》から吹《ふ》き飛《と》ばされたものらしい。その中《なか》に、地球上《ちきゅうじょう》ではある種《しゅ》のバクテリアにしか作《つく》れない金属《きんぞく》の結晶《けっしょう》が見《み》つかったのだ。

これ以前《いぜん》にも、火星《かせい》からの隕石《いんせき》に微《び》生物《せいぶつ》の跡《あと》と思《おも》えるものが見《み》つかっている。火星《かせい》には、生命《せいめい》がいたのだろうか?

ひょっとすると、今《いま》でもいるのかもしれない。でも、昔《むかし》から本《ほん》や映画《えいが》に登《とう》場《じょう》してきた、タコのような火星人《かせいじん》は、やっぱりいないようだ。

第《だい》二《に》章《しょう》

全《ぜん》海《かい》洋《よう》蒸《じょう》発《はつ》

❷全《ぜん》海《かい》洋《よう》蒸《じょう》発《はつ》事《じ》件《けん》

——さて、それでは直径《ちょっけい》400km《キロメートル》の隕石《いんせき》が地球《ちきゅう》に衝突《しょうとつ》したら……？
…という前代未聞《ぜんだいみもん》の出来事《できごと》を映像《えいぞう》にしてみようと——
我《わ》がNHK《エヌエイチケー》のCG《シージー》ルームに依頼《いらい》してみました。
おーい伊達《だて》ちゃん♬
ジ…
は——い♡
いやあ大変《たいへん》だったスよ〜〜〜！
今《いま》まで見《み》た事《こと》も聞《き》いた事《こと》も無《な》い話《はなし》だったスからねェ〜〜!!
放送技術局《ほうそうぎじゅつきょく》　伊達《だて》　吉克《よしかつ》
ははは…ごめん♪無理《むり》言《い》って——
…で、どう？

バッチリすよ♪ スリープ博士《はかせ》や ザンレ博士《はかせ》――
東京大学《とうきょうだいがく》の 杉田精司博士《すぎたせいじはかせ》にも 監修《かんしゅう》してもらいましたからネ♡
ほう♬
とにかく 今《いま》まで誰《だれ》も 見《み》た事《こと》が無《な》い 映像《えいぞう》ですからネ！
びっくり しないように！
OK《オーケー》。
楽《たの》しみに してるよ。
じゃあ 水戸《みと》ちゃん♬
進行《しんこう》 お願《ねが》い します！
はいな♡
82
ウィーーン

さあ コレや!
SF《エスエフ》映画《えいが》なんかとはちゃうで——っ!!
なんちゅーても直径《ちょっけい》400㎞《キロメートル》という巨大隕石《きょだいいんせき》や!
巨大化《きょだいか》した地球《ちきゅう》の引力《いんりょく》に引《ひ》き寄《よ》せられて——
秒速《びょうそく》17キロというスピードで地球《ちきゅう》に向《む》かって来《く》るんやで!!

わかりやすいように
現在《げんざい》の地球《ちきゅう》――
それも日本近海《にほんきんかい》
(小笠原諸島近海《おがさわらしょとうきんかい》)に
衝突《しょうとつ》するもんと
想定《そうてい》してみまひょ。
84
ものごっついスピードで
近《ちか》づいて来《く》るんやけど
あまりにも巨大《きょだい》やから
ゆっくり見《み》えるんよ。
――だけど
よう見《み》とって
や――っ!!
ゴク…
いや

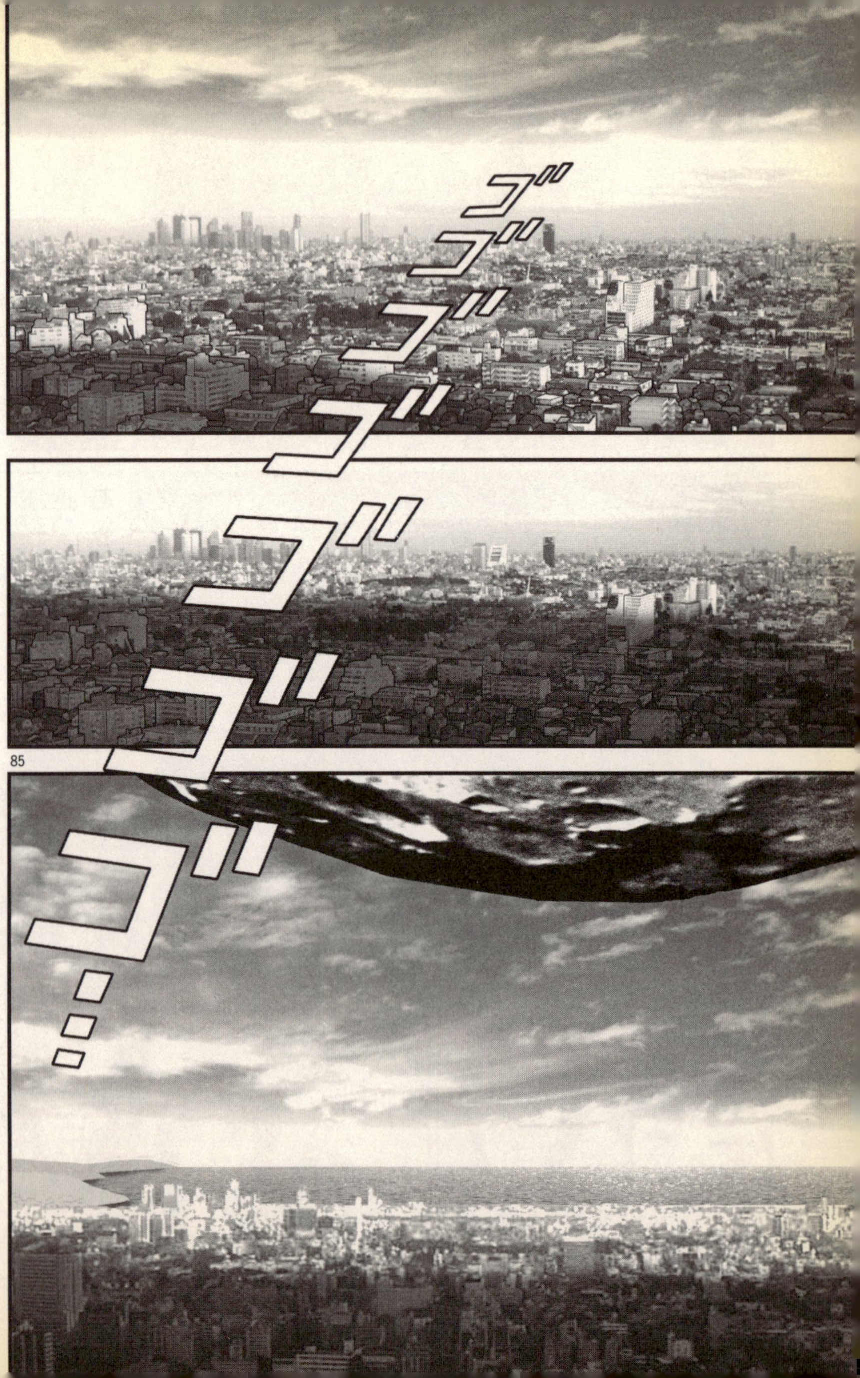
ゴゴゴゴゴゴゴ…

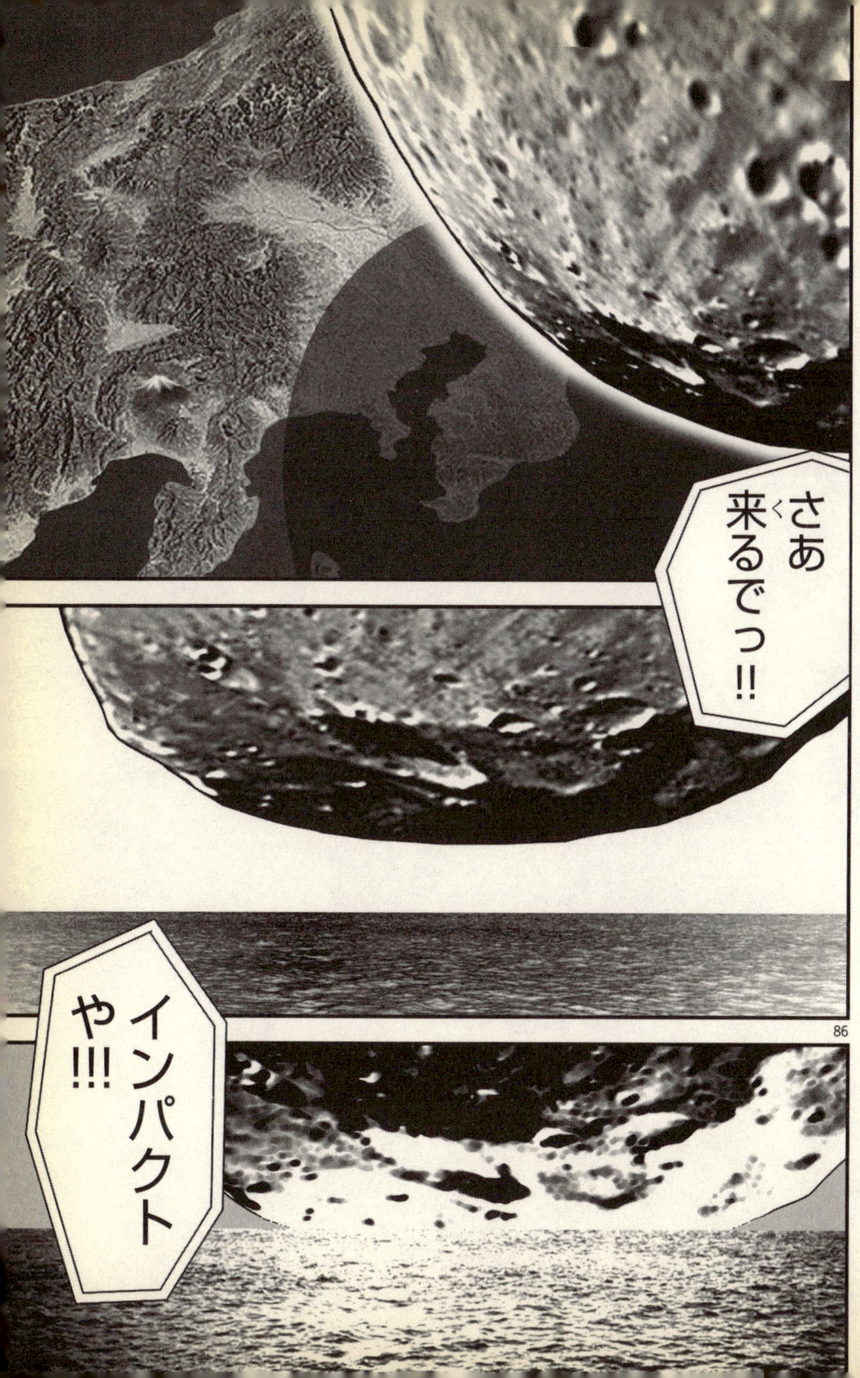
さあ
来《く》るでっ!!
インパクト
や!!!

隕石《いんせき》は地球《ちきゅう》を覆《おお》う厚《あつ》さ10㎞《キロメートル》の地殻《ちかく》さえめくり上《あ》げる──!!
これがいわゆる「地殻津波《ちかくつなみ》」ちゅーやつや!!

水深《すいしん》3000m《メートル》の
海水《かいすい》だって
薄皮《うすかわ》みたいな
もんや!!!

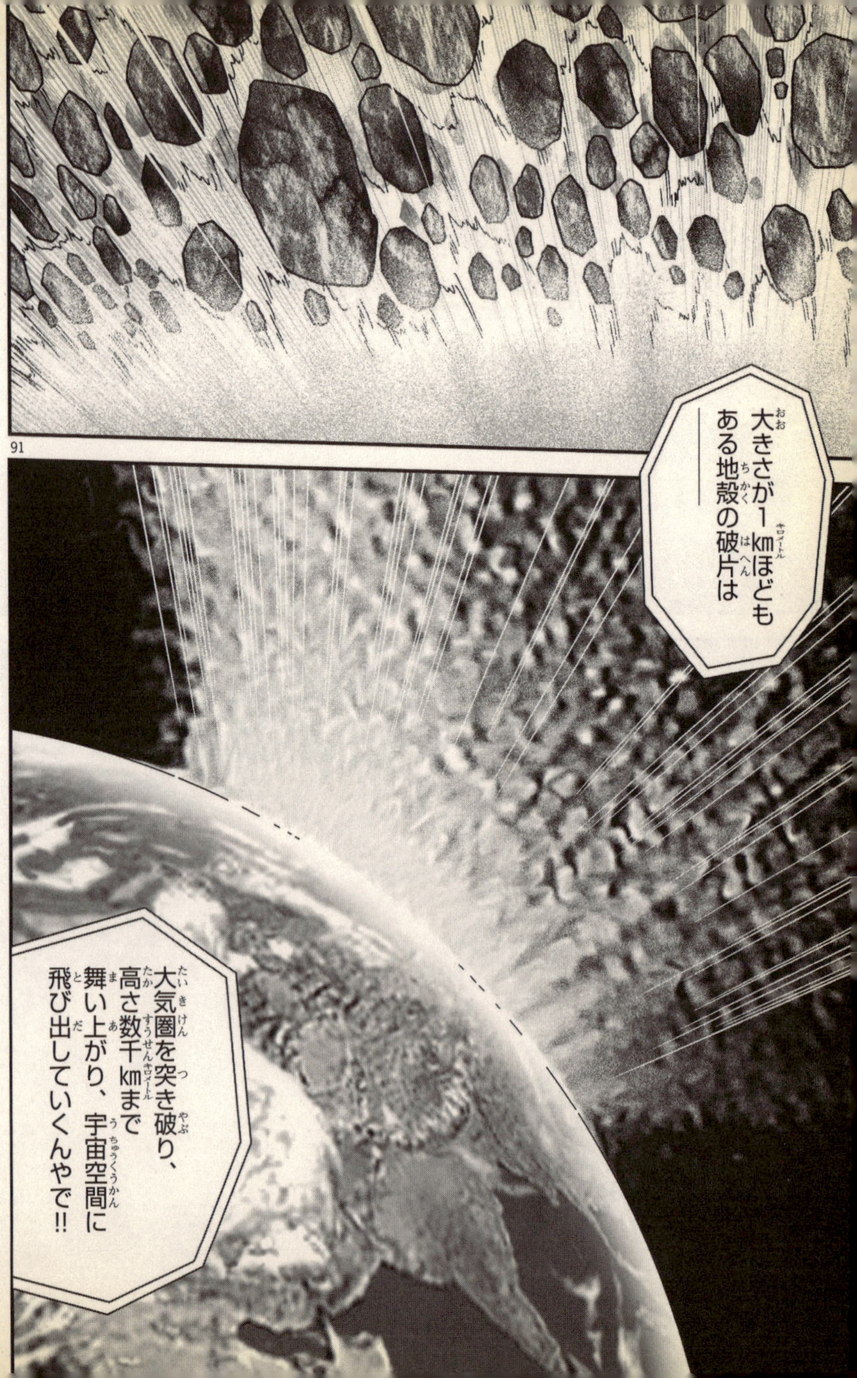
大《おお》きさが1㎞《キロメートル》ほどもある地殻《ちかく》の破片《はへん》は
大気圏《たいきけん》を突《つ》き破《やぶ》り、高《たか》さ数千《すうせん》㎞《キロメートル》まで舞《ま》い上《あ》がり、宇宙空間《うちゅうくうかん》に飛《と》び出《だ》していくんやで!!

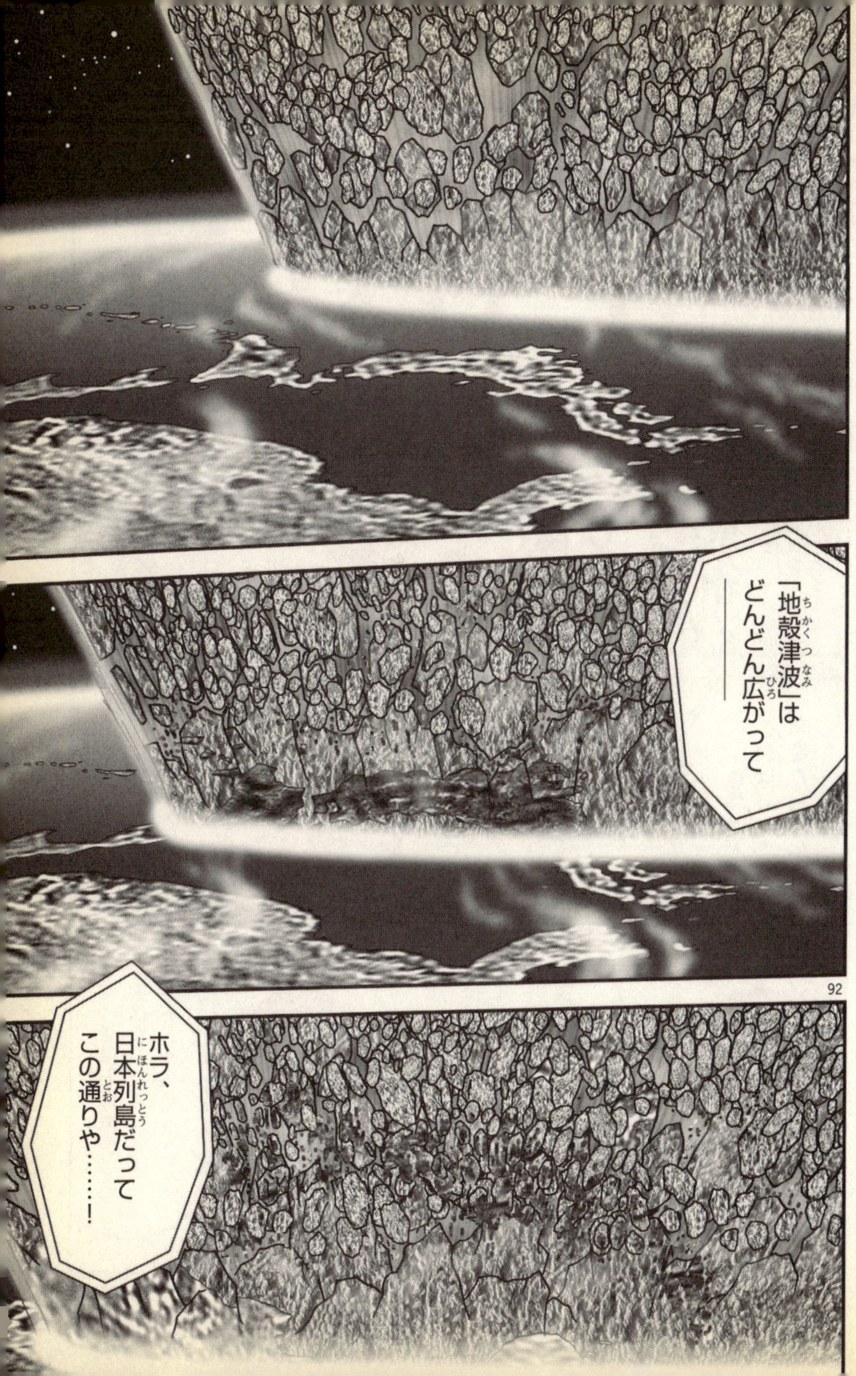
「地殻津波《ちかくつなみ》」はどんどん広《ひろ》がって
ホラ、日本列島《にほんれっとう》だってこの通《とお》りや……！

す…凄《すご》い!!
い…ま日本列島《にほんれっとう》がめくれ上《あ》がった……?
こ…んな映像《えいぞう》、初《はじ》めて…だ!!
う…
うわあん
こんなのイヤだあ!!
なっ…泣《な》くなよ!
これはシミュレーションなんだって!!
ふふ…ものごっつい映像《えいぞう》でしたやろ?
——せやけどこれはほんの序章《じょしょう》でんねん。
さっき隕石衝突《いんせきしょうとつ》の検証《けんしょう》をしたでしょ。〝アレ〟が始《はじ》まるんです。
…岩石《がんせき》蒸発《じょうはつ》か…!?

93

——そう！ 衝突《しょうとつ》のエネルギーによって 4000度《ど》以上《いじょう》に熱《ねっ》せられた 岩石《がんせき》は気体《きたい》となり……
衝突《しょうとつ》から約《やく》10分後《ぷんご》 ドーム状《じょう》にふくれ上《あ》がった 岩石蒸気《がんせきじょうき》は——
押《お》し出《だ》されるように 一気《いっき》にあらゆる方向《ほうこう》に 広《ひろ》がっていくんや!!

衝突《しょうとつ》から3時間《じかん》あまりで──
5000km《キロメートル》離《はな》れたヒマラヤ山脈《さんみゃく》に達《たっ》した岩石蒸気《がんせきじょうき》は──
風速《ふうそく》300m《メートル》、温度《おんど》4000度《ど》という熱風《ねっぷう》となって──
雪《ゆき》を瞬時《しゅんじ》に解《と》かし岩肌《いわはだ》をも溶《と》かしはじめるんや!!

約《やく》1日後《にちご》には
地球《ちきゅう》の裏側《うらがわ》の
アマゾンにも達《たっ》し
ギャーッ
ギャーッ
ジャングルの木々《きぎ》は
次々《つぎつぎ》と自然発火《しぜんはっか》
していく。
生《い》き物《もの》は
壊滅的《かいめつてき》な打撃《だげき》を
受《う》けるやろ……

こうしてついに
岩石蒸気《がんせきじょうき》は
地球全体《ちきゅうぜんたい》を覆《おお》って
しまった……
97
地球《ちきゅう》は1年近《ねんちか》くに
渡《わた》って——
2000度《ど》という
灼熱《しゃくねつ》の世界《せかい》と
なるんや。

生命《せいめい》の源《みなもと》の海《うみ》だって、この変動《へんどう》に巻《ま》き込《こ》まれる。
岩石蒸気《がんせきじょうき》に覆《おお》われてまもなく――
海水《かいすい》は沸騰《ふっとう》し蒸発《じょうはつ》を始《はじ》める。
1分間《ぷんかん》に5㎝《センチ》という猛烈《もうれつ》なスピードで水位《すいい》が下《さ》がっていくんや！
干上《ひあ》がったあとの塩《しお》さえも蒸発《じょうはつ》!!

98

むき出《だ》しになった海底《かいてい》は容赦《ようしゃ》なく熱《ねつ》にさらされ
溶岩《ようがん》のように溶《と》けはじめるんや。
…およそ1か月後《げつご》、地上《ちじょう》の海《うみ》はすべて干上《ひあ》がってしまうんだな。

…こうして地球《ちきゅう》は「灼熱《しゃくねつ》の星《ほし》」と変《か》わってしまうんや!!

101

実際作《じっさいつく》っていて
ゾッとしました。
この全海洋蒸発《ぜんかいようじょうはつ》が最大《さいだい》で8回《かい》もあったと聞《き》いて――
…まあ一度《いちど》も無《な》かった可能性《かのうせい》もありますが……
――いずれにせよ
地球《ちきゅう》は大《おお》きくなる事《こと》によって――
「生命《せいめい》の星《ほし》」どころか――
生命《せいめい》を何度《なんど》も死滅《しめつ》させかねない星《ほし》になってしまった…という事《こと》です。

102

最新科学《さいしんかがく》が暴《あば》き出《だ》した地球《ちきゅう》の実像《じつぞう》は――
『優《やさ》しい母《はは》』ではなくむしろ『厳《きび》しい父《ちち》』だったというわけです。

あ…のう…
…じゃあ こういう事《こと》を繰《く》り返《かえ》すたびに
地球上《ちきゅうじょう》の生物《せいぶつ》は絶滅《ぜつめつ》していったんですか?
……
いい質問《しつもん》だ、強《つよし》くん!
それをこれから調《しら》べていこう。
じゃあ少《すこ》し休憩《きゅうけい》!
………

103

なぜ、地《ち》球《ちゅう》にだけ海《うみ》があるのだろう?

太陽系《たいようけい》の惑星《わくせい》の中《なか》で、地球《ちきゅう》にだけ液体《えきたい》の水《みず》が存在《そんざい》するのはなぜだろう。

木星《もくせい》や土星《どせい》、天王星《てんのうせい》、海王星《かいおうせい》は、水素《すいそ》とヘリウムを主《しゅ》としたガス惑星《わくせい》なので水《みず》はない。また、水星《すいせい》は太陽《たいよう》に近《ちか》すぎ、冥王星《めいおうせい》は遠《とお》すぎるため、水《みず》は液体《えきたい》で存在《そんざい》することができない。

金星《きんせい》は、誕生間《たんじょうま》もない頃《ころ》には水蒸気《すいじょうき》があった。しかし、太陽《たいよう》に近《ちか》いため強《つよ》い紫外線《しがいせん》が降《ふ》り、その紫外線《しがいせん》が水蒸気《すいじょうき》を分解《ぶんかい》し、海《うみ》の素《もと》を失《うしな》ってしまった。また、二酸化炭素《にさんかたんそ》を主成分《しゅせいぶん》とした大気《たいき》の密度《みつど》は実《じつ》に90気圧《きあつ》にもなる。この二酸化炭素《にさんかたんそ》の猛烈《もうれつ》な温室効果《おんしつこうか》によって、金星《きんせい》の地表面《ちひょうめん》は470度《ど》以上《いじょう》の灼熱《しゃくねつ》地獄《じごく》と化《か》した。この温度《おんど》では、たとえ水《みず》があったとしても蒸発《じょうはつ》してしまう。

火星《かせい》は、直径《ちょっけい》は地球《ちきゅう》の約半分《やくはんぶん》、体積《たいせき》は15%ほどしかないため引力《いんりょく》が弱《よわ》く、大気《たいき》と水蒸気《すいじょうき》のほとんどは宇宙空間《うちゅうくうかん》に逃《に》げていった。また、地球《ちきゅう》よりも太陽《たいよう》から遠《とお》いため太陽熱《たいようねつ》は当然弱《とうぜんよわ》く、極《きわ》めて少量《しょうりょう》だけ残《のこ》った水蒸気《すいじょうき》が降《ふ》らせる雨《あめ》も、大地《だいち》にしみこんで凍《こお》ってしまった。だから火星《かせい》にも液体《えきたい》の海《うみ》は存在《そんざい》しない。

それにひきかえ地球《ちきゅう》は、ほどよい大《おお》きさがあるために海水《かいすい》と大気《たいき》をつなぎ止《と》めるだけの引力《いんりょく》を持《も》ち、太陽《たいよう》からほどよい距離《きょり》にあったため、水蒸気《すいじょうき》を分解《ぶんかい》させるだけの強《つよ》い紫外線《しがいせん》が降《ふ》らなかった。いくつもの幸運《こううん》が重《かさ》なって、地球《ちきゅう》は海《うみ》のある青《あお》い星《ほし》となったのだ。

地《ち》球《ちゅう》が直《ちょっ》径《けい》1m《メートル》の球《きゅう》だったら？

地球《ちきゅう》は、太陽系《たいようけい》の中《なか》で液体《えきたい》の水《みず》があるただひとつの惑星《わくせい》だ。スペースシャトルや1970年代《ねんだい》に月《つき》の探査《たんさ》をしたアポロ宇宙船《うちゅうせん》などから写《うつ》した地球《ちきゅう》の写真《しゃしん》を見《み》ると、実《じつ》に美《うつく》しい青《あお》い星《ほし》だと、感心《かんしん》してしまう。この地球《ちきゅう》の水《みず》、どのくらいの量《りょう》があるのだろうか。

地球《ちきゅう》は、正確《せいかく》には球《きゅう》ではなく、赤道《せきどう》を中心《ちゅうしん》に多少《たしょう》ひしゃげた形《かたち》をしているが、ここでは正確《せいかく》な球《きゅう》と考《かんが》えてみよう。地球《ちきゅう》の赤道半径《せきどうはんけい》、すなわち地球《ちきゅう》という球《きゅう》の半径《はんけい》は6378km《キロメートル》。地球《ちきゅう》は、直径《ちょっけい》1万《まん》2756km《キロメートル》の巨大《きょだい》な球《きゅう》ということになる。

この巨大《きょだい》な球《きゅう》である地球上《ちきゅうじょう》には、約《やく》13億《おく》7000万《まん》km^3《りっぽうキロメートル》の水《みず》があるとされている。その97.5%、つまり、13億《おく》35 75万《まん》km^3《りっぽうキロメートル》が地球上《ちきゅうじょう》の海水《かいすい》の総量《そうりょう》なのだ。なんだか、ものすごく莫大《ばくだい》な量《りょう》があるように思《おも》えるが、実《じつ》はそうでもない。地球《ちきゅう》を直径《ちょっけい》1m《メートル》の球《きゅう》に縮《ちぢ》めて考《かんが》えると、それが実感《じっかん》できる。

地球《ちきゅう》が直径《ちょっけい》1m《メートル》の球《きゅう》だったら、海水《かいすい》の量《りょう》はおよそ660ml《ミリリットル》、つまりビールの大《おお》びん1本分《ぼんぶん》にしかならないのだ。海《うみ》の広《ひろ》さは2.2m^2《へいほうメートル》、平均《へいきん》の深《ふか》さはたったの0.3mm《ミリメートル》。このわずかといってもいいほどの海水《かいすい》が生命《せいめい》を生《う》みだし、育《はぐく》んできたというわけだ。

ちなみに、約《やく》40億年前《おくねんまえ》、すべての海水《かいすい》を蒸発《じょうはつ》させた直径《ちょっけい》400km《キロメートル》の巨大隕石《きょだいいんせき》は、同《おな》じ比率《ひりつ》で考《かんが》えると、ピンポン玉《だま》よりも小《ちい》さい直径《ちょっけい》3cm《センチメートル》ほどの球《きゅう》になる。この小《ちい》さな球《きゅう》が、大《おお》びん1本分《ぼんぶん》の水《みず》を蒸発《じょうはつ》させてしまうのだから、衝突《しょうとつ》のエネルギーは、ものすごいものだったのだ。

《休憩《きゅうけい》》

ねえ
おふたりさん♡
どう？
慣《な》れない場所《ばしょ》に来《き》て
疲《つか》れてな〜〜い？
何《なに》か
飲《の》もうか？
お姉《ねえ》さん
おごっちゃう
し…♡
あ…
はいっ♡
陽子《ようこ》ちゃん、
退屈《たいくつ》
しなかった？
はい、
大丈夫《だいじょうぶ》
です♡

104

それどころかスタッフの皆《みな》さんの熱心《ねっしん》さが伝《つた》わってきて、
私《わたし》あこがれちゃいます〜〜〜♡
ま〜〜〜た始《はじ》まった…
私《わたし》…
お姉《ねえ》さんみたいになりたいナ〜〜♡
…え？
私《わたし》？
ちう
105
そ…んなあ…
あはー
あは
私《わたし》なんてまだNHK《エヌエイチケー》入《はい》って…
あっ!!
ガタッ
いま有働由美子《うどうゆみこ》アナウンサーが通《とお》ったわ♡
私《わたし》あこがれなの〜〜〜♬
は…あ…

大変《たいへん》ね
強《つよし》クン…
え？
何《なに》が…
です？
あ！
それより——
さっきのCG《シージー》を
作《つく》った伊達《だて》さんは
どこにいるんですか？
え…ええ
いるわよ。
たぶん
CG《シージー》ルームに
……
…見《み》たい？
CG《シージー》ルーム。
はっ…
はいっ!!
じゃ
ちょっと
行《い》って
みよーか？
わぁい♡

ここがNHK《エヌエイチケー》のCG《シージー》ルームよ。
じゃあ入《はい》るわね。
こんにちはーっ♬
!?
おう中西《なかにし》!
ハァイ♡

どした？
えへェ♬
小《ちい》さなお客《きゃく》さんがここを見《み》たいんだって…♬
へえ♡
じゃあひと通《とお》り案内《あんない》…
あ!?
アロサウルスですか？
す…ごい!!
108
お♬
嬉《うれ》しい事《こと》言《い》ってくれるねェ♡

パソコンに興味《きょうみ》あるの？
はい。
さっきの全海洋蒸発《ぜんかいようじょうはつ》のCG《シージー》も凄《すご》かったです！
く〜〜〜♬
じ〜ん
いやあアレはね〜〜〜苦労《くろう》したのよ♪
さ、すわってすわって
なんたって資料《しりょう》となる画像《がぞう》が…ね、無《な》いわけだからさあ——！
どんなソフトを使《つか》ったんですか？
くーっますますうれしいね〜〜〜♬
ワイワイ
…ねえお姉《ねえ》さん？
ん？
ブラ
……つまんない

あっ そっか♪
女《おんな》の子《こ》の陽子《ようこ》ちゃんにはつまんないかもネ。
…それにもうそろそろ皆《みんな》がスタジオに戻《もど》る頃《ころ》だし——
じゃあ強《つよし》クン行《い》こうか?
は…い。
じゃあどうもありがとうございました!
あいヨ、またおいで。
バタン
ふう。
よーーし、強《つよし》クンみたいな視聴者《しちょうしゃ》のためにも頑張《がんば》るか!

どう、強《つよし》クン、楽《たの》しかった？
はいっ♡
僕《ぼく》も将来《しょうらい》勉強《べんきょう》して伊達《だて》さんみたいな仕事《しごと》に就《つ》きたいです♪
ちょっと何言《なにい》ってんのよ⁉
それじゃ私《わたし》と同《おな》じ職場《しょくば》になっちゃうかもしれないでしょ⁉
111
あ⁉
ふふっ♡この2人《ふたり》案外《あんがい》お似《に》合《あ》いかも♬
膳場貴子《ぜんばたかこ》アナウンサーだ♡
プッ
またかヨ
キレイ〜

第三章《だいさんしょう》

逞《たくま》しかった生命《せいめい》

❶最古《さいこ》の生命《せいめい》

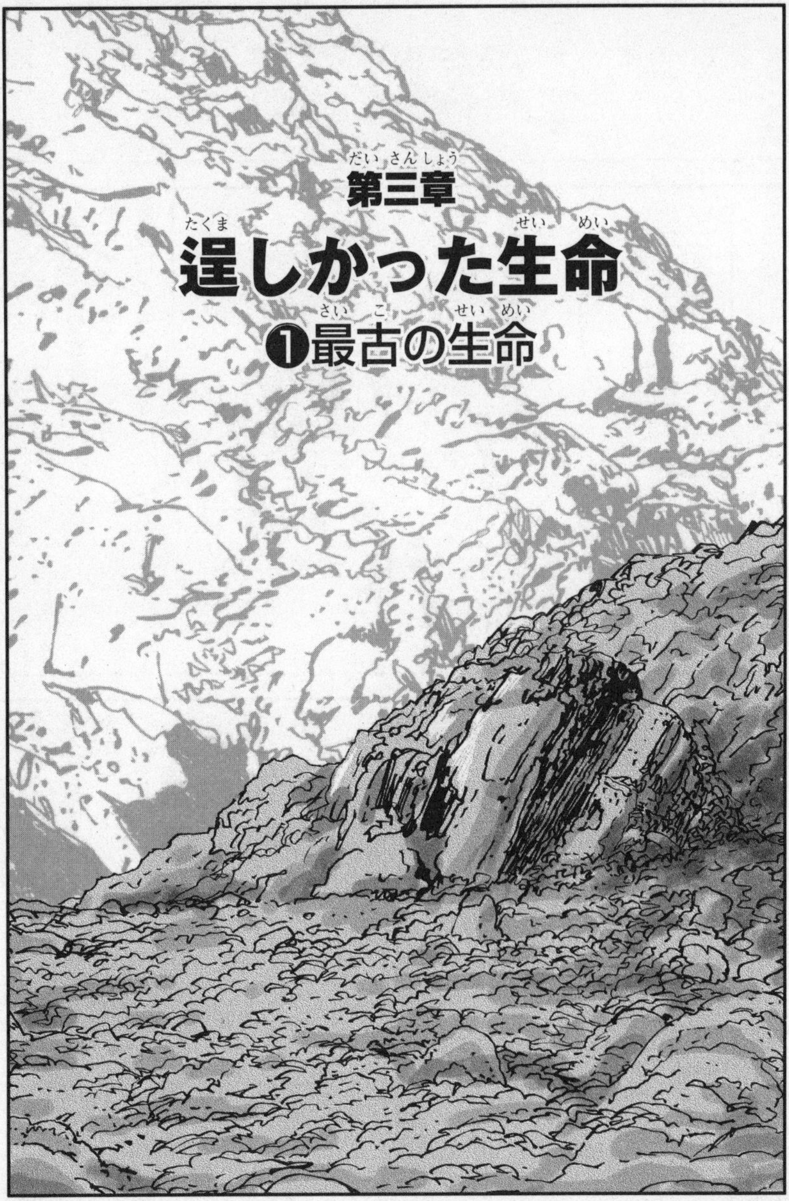

Nスタジオ
さて、それでは「全海洋蒸発事件《ぜんかいようじょうはつじけん》」を受《う》けて、強《つよし》クンからの質問《しつもん》にもあったように——
地球《ちきゅう》で最初《さいしょ》の生命《せいめい》はいつ誕生《たんじょう》したのか——？
そして、もしも我々《われわれ》の祖先《そせん》である生命《せいめい》が——
あの全海洋蒸発《ぜんかいようじょうはつ》以前《いぜん》に誕生《たんじょう》していたとするなら…
あの大災厄《だいさいやく》の中《なか》、生《い》きのびていられたのかを、
検証《けんしょう》していきたいと思《おも》います。

113

ロージング博士《はかせ》！
グリーンランドのミニック・ロージング博士《はかせ》ーーっ!!
はーい♡
やあ田附《たづけ》、元気《げんき》だったかい？
はい♡
先日《せんじつ》はいろいろとお世話《せわ》になりました！
？
田附《たづけ》、お前《まえ》もう取材《しゅざい》してきたのか？
当然《とうぜん》ですよ♡
この回《かい》は僕《ぼく》の企画《きかく》ですからね♬
114
ロージング博士《はかせ》はグリーンランド最大《さいだい》の町《まち》ヌークで生《う》まれーー
えへ
現在《げんざい》はデンマーク地質《ちしつ》博物館《はくぶつかん》で『地球上《ちきゅうじょう》に残《のこ》る最古《さいこ》の生命《せいめい》の痕跡《こんせき》』を追《お》い続《つづ》けているのです。

じつは私《わたし》は、ここグリーンランドで生《う》まれ育《そだ》って——
まずこの地《ち》から地質学者《ちしつがくしゃ》としての第一歩《だいいっぽ》を踏《ふ》み出《だ》したいと思《おも》っていたのです。
そんな矢先《やさき》ある地《ち》から採取《さいしゅ》した岩石《がんせき》に——
生命《せいめい》の痕跡《こんせき》がある事《こと》が判《わか》ったのです。
その地《ち》に田附《たづけ》と同行《どうこう》したVTR《ブイティーアール》を流《なが》します。
いいかね田附《たづけ》?
はい。
じゃあ進行《しんこう》のほうを水戸《みと》ちゃん、お願《ねが》いします。
あいヨ。

グリーンランド：
イスア地方《ちほう》

地質学者《ちしつがくしゃ》でこの地《ち》を知《し》らん人《ひと》はおまへん。
―なにせ38億年前《おくねんまえ》という世界有数《せかいゆうすう》の古《ふる》い岩石《がんせき》が見《み》つかった場所《ばしょ》でんねん♡
これほど古《ふる》い岩石《がんせき》は世界中探《せかいじゅうさが》しても数《かぞ》えるほどしか見《み》つかってないんや。
…せやなぁ、
カナダ北極圏《ほっきょくけん》のアカスタ地域《ちいき》と…ココぐらいのもんやな。
イスア
アカスタ
ホラ、見《み》えて来《き》た。黒《くろ》っぽい色《いろ》の岩脈《がんみゃく》があるやろ?

ここは「スーパークラスタルベルト」――
38億年前《おくねんまえ》の地層《ちそう》の帯《おび》や!!
プッ
なあ~~~に?
田附《たづけ》さんフラフラ♬

うっせ〜な!
プッ
高《たか》い所《ところ》は苦手《にがて》なんだよ!
あっはっは
プップ
カコ
ホラ、わかりますか?
岩《いわ》の断面《だんめん》が全体《ぜんたい》に黒《くろ》っぽいでしょ?
——これは炭素《たんそ》が多《おお》く含《ふく》まれているからなんですよ。
炭《たん》…素《そ》?
生命《せいめい》の痕跡《こんせき》…って事《こと》?
…でも化石《かせき》らしきものは無《な》いわ。

119

——そう、しかし顕微鏡《けんびきょう》で覗《のぞ》くと、この石《いし》の秘密《ひみつ》がよくわかるんや。
——ほら…
黒《くろ》っぽく見《み》えたのは——無数《むすう》の黒《くろ》くて丸《まる》い粒《つぶ》
…実《じつ》はコレ、「グラファイト」と呼《よ》ばれる炭素《たんそ》の粒《つぶ》でんねん。
120
炭素《たんそ》を含《ふく》む化合物《かごうぶつ》が長《なが》い年月《ねんげつ》による変成《へんせい》を受《う》け——
炭素《たんそ》だけの粒《つぶ》になったものなんですヨ。
……?
?

じつは最《もっと》も重要《じゅうよう》な事《こと》は——
この粒《つぶ》に含《ふく》まれている炭素《たんそ》の種類《しゅるい》なんです。
????
はは……それではここで良《よ》い子《こ》にもわかる——
どーん
水戸《みと》ちゃんのお悩《なや》み解決《かいけつ》コーナー
何コレ?
水戸《みと》ちゃんのお悩《なや》み解決《かいけつ》コーナーや!!
…じつは炭素《たんそ》には2種類《しゅるい》あって——
陽子《ようし》6個《こ》と中性子《ちゅうせいし》6個《こ》を持《も》つ『炭素《たんそ》12』と——
陽子《ようし》6個《こ》と中性子《ちゅうせいし》7個《こ》を持《も》つ『炭素《たんそ》13』というやつや!
『炭素《たんそ》12』
『炭素《たんそ》13』

121

まあ違《ちが》いといえばただ単《たん》に中性子《ちゅうせいし》1個分《こぶん》『炭素《たんそ》13』の方《ほう》が重《おも》いっちゅーだけなんやけど——
『炭素《たんそ》12』
なぜか不思議《ふしぎ》な事《こと》に生物《せいぶつ》は軽《かる》い『炭素《たんそ》12』の方《ほう》を好《この》むんやなア…
え？
なんで……？
さ♪水戸《みと》ちゃんのコーナーはこれでしまいや。
チャラ♫
チャラ
ミン
END
おいっ
待《ま》たんかいっ!!
分析《ぶんせき》の結果《けっか》この岩石《がんせき》のグラファイトに含《ふく》まれる——
『炭素《たんそ》12』の割合《わりあい》は通常《つうじょう》より高《たか》いのです。
…という事《こと》は——

これは生物《せいぶつ》が作《つく》り出《だ》したものに違《ちが》いない———!
…というわけです。
見《み》てください、この地層《ちそう》は整然《せいぜん》と堆積《たいせき》しています。
———38億年前《おくねんまえ》、この場所《ばしょ》はおそらく水深数百m《すいしんすうひゃくメートル》の静《しず》かな海底《かいてい》だったんでしょう……

むかし
深《ふか》い海底《かいてい》だった
この場所《ばしょ》で――
おそらく現在《げんざい》のバクテリアに近《ちか》い生物《せいぶつ》が――
水《みず》に溶《と》けている二酸化炭素《にさんかたんそ》から有機物《ゆうきぶつ》を作《つく》って生《い》きていたのでしょう。
…そして静《しず》かに海底《かいてい》に降《ふ》り積《つも》ったその痕跡《こんせき》が――
これら「グラファイト」なのです。
………
…しかし38億年前《おくねんまえ》といえば――
海洋蒸発《かいようじょうはつ》を招《まね》く巨大隕石《きょだいいんせき》の衝突《しょうとつ》が一段落《ひとだんらく》した頃《ころ》では………？
その通《とお》り！
それをもって生命《せいめい》の誕生《たんじょう》をそれ以降《いこう》とする研究者《けんきゅうしゃ》もいます。
…が、私《わたし》はこう考《かん》えます。

このあたりは
何《なん》の変哲《へんてつ》もない
平凡《へいぼん》な海底《かいてい》でした。
まわりには
海底熱水噴出孔《かいていねっすいふんしゅつこう》の
ようなエネルギー
供給源《きょうきゅうげん》の痕跡《こんせき》も
無《な》いのです。
そんな状況下《じょうきょうか》で
生《い》きるためには、
かなり効率的《こうりつてき》な
エネルギー抽出《ちゅうしゅつ》
システムが必要《ひつよう》です。
ちょっと
たんぱく質《しつ》の
合成経路《ごうせいけいろ》に関《かん》して
解説《かいせつ》して
みましょう。
125
たんぱく質《しつ》の合成《ごうせい》は
たやすい事《こと》では
ありません。
さまざまな物質《ぶっしつ》が
集《あつ》まって反応《はんのう》し、
たんぱく質《しつ》のもとになる
20種類《しゅるい》のアミノ酸《さん》が
形成《けいせい》されるのです。

——これはかなりの年月《ねんげつ》をかけ進化《しんか》したバクテリアでなければ出来《でき》ません。
最初《さいしょ》の生命《せいめい》がこんな複雑《ふくざつ》なシステムを持《も》っているはずがない。
——しかも最近《さいきん》の科学《かがく》では、43億年前《おくねんまえ》には安定《あんてい》した海《うみ》があったとされている。
したがって私《わたし》は——
生命《せいめい》の誕生《たんじょう》は最大《さいだい》43億年前《おくねんまえ》までさかのぼれると考《かんが》えています。
126
ロージング博士《はかせ》、どうもありがとうございました。
いえ、どういたしまして。

…さて、そうなると——
最初《さいしょ》の生命《せいめい》、つまり我々《われわれ》の祖先《そせん》は——
あの全海洋蒸発《ぜんかいようじょうはつ》ほどの大災厄《だいさいやく》を生《い》き延《の》びた可能性《かのうせい》があったんでしょうか？
…まず無理《むり》だったんじゃないの？
地球全体《ちきゅうぜんたい》の海《うみ》が干上《ひあ》がったんでしょう？
——それがその可能性《かのうせい》の手掛《てが》りをアメリカ中南部《ちゅうなんぶ》で発見《はっけん》したんです。
え——っ!?
127
こちらを見《み》てください。
ジ ジ…

サイエンス・ノート 生命《せいめい》の話《はなし》①

バクテリアとミトコンドリアの合体《がったい》

わたしたちの体《からだ》は、およそ60兆個《ちょうこ》の細胞《さいぼう》からできており、その細胞《さいぼう》は必《かなら》ずミトコンドリアという器官《きかん》を持《も》っている。ミトコンドリアは、細胞《さいぼう》の中《なか》で、活動《かつどう》するためのエネルギーを生産《せいさん》している大切《たいせつ》な器官《きかん》だ。

ところで、細胞《さいぼう》の核《かく》には遺伝子《いでんし》であるDNA《ディーエヌエー》があることを知《し》っている人《ひと》は少《すく》なくないだろう。実《じつ》は、ミトコンドリアも、核《かく》とは別《べつ》の遺伝子《いでんし》（ミトコンドリアDNA《ディーエヌエー》）を持《も》っている。それもそのはず、ミトコンドリアは、もともとは別《べつ》の独立《どくりつ》した生物《せいぶつ》だったのだ！

ミトコンドリアの祖先《そせん》は、細菌《さいきん》の一《いっ》種《しゅ》だったと考《かんが》えられている。ある時《とき》、ミトコンドリアの祖先《そせん》は、かたい膜《まく》を持《も》たない別《べつ》の細菌《さいきん》の中《なか》に侵入《しんにゅう》して、その体《からだ》を食《た》べ始《はじ》めた。侵入《しんにゅう》されたほうは、防御《ぼうぎょ》のために相手《あいて》を膜《まく》でおおい、自分《じぶん》の体《からだ》の中《なか》に閉《と》じこめてしまった。これがミトコンドリアの始《はじ》まりで、22～15億年前《おくねんまえ》のことと考《かんが》えられている。

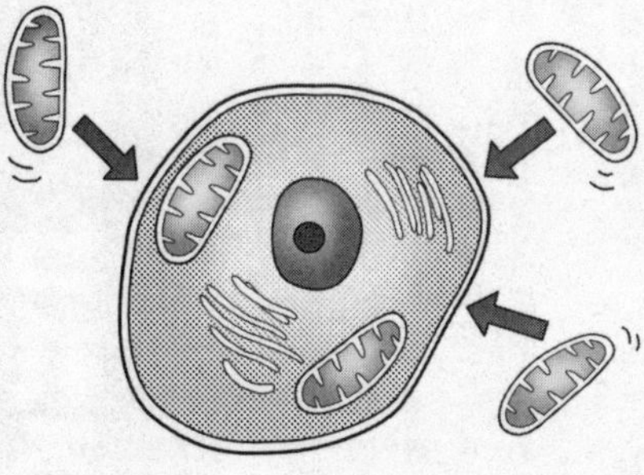

大《おお》きなほうの細菌《さいきん》は、もともとは酸素《さんそ》が苦手《にがて》だった。だから、ミトコンドリアにたんぱく質《しつ》という栄養《えいよう》を提供《ていきょう》するかわりに、酸素《さんそ》を用《もち》いて高《たか》いエネルギーを生産《せいさん》してもらうようになったというわけだ。

ミトコンドリアが別《べつ》の細菌《さいきん》の「細胞《さいぼう》内器官《ないきかん》」となった後《あと》は、スピロヘータという細長《ほそなが》い形《かたち》の細菌《さいきん》がくっついて、べん毛《もう》（動《うご》き回《まわ》るため、スクリューの役割《やくわり》をする尾《お》）になったという。これが動物《どうぶつ》細胞《さいぼう》のもとになった、と考《かんが》えられている。

これらの中《なか》には、光合成《こうごうせい》を行《おこな》うシアノバクテリアをも体内《たいない》に取《と》りこんだものがいた。そして、植物細胞《しょくぶつさいぼう》に進化《しんか》していったようだ。たしかに、現在《げんざい》の植物《しょくぶつ》細胞《さいぼう》の葉緑体《ようりょくたい》は、核《かく》とは別《べつ》の遺伝子《いでんし》を持《も》っている。

呼《こ》吸《きゅう》することで得《え》られるエネルギー

ひとくちに呼吸《こきゅう》といっても、実《じつ》はふたつの意味《いみ》がある。生物《せいぶつ》が体《からだ》の外《そと》から酸素《さんそ》を取《と》り入《い》れて、二酸化炭素《にさんかたんそ》を体《からだ》の外《そと》へ出《だ》すことを一般的《いっぱんてき》には呼吸《こきゅう》といっているが、これは「外呼吸《がいこきゅう》」という。わたしたち人間《にんげん》が息《いき》を吸《す》ったりはいたりする肺呼吸《はいこきゅう》や、水中《すいちゅう》で魚《さかな》がするエラ呼吸《こきゅう》などがあてはまる。

もうひとつの呼吸《こきゅう》は、「内呼吸《ないこきゅう》」と呼《よ》ばれている。細胞《さいぼう》の中《なか》で、ブドウ糖《とう》などの有機物《ゆうきぶつ》を分解《ぶんかい》してエネルギーを取《と》り出《だ》し、二酸化炭素《にさんかたんそ》を廃棄物《はいきぶつ》として細胞外《さいぼうがい》に出《だ》すはたらきのことだ。

初期《しょき》の生命《せいめい》は、内呼吸《ないこきゅう》をするときに酸素《さんそ》を使《つか》わなかったけれど、わたしたちのような多細胞生物《たさいぼうせいぶつ》は、酸素《さんそ》を使《つか》って内呼吸《ないこきゅう》をする。そのため、この呼吸《こきゅう》は「好気呼吸《こうきこきゅう》」と呼《よ》ばれている。

酸素《さんそ》は、細胞《さいぼう》の中《なか》で有機物《ゆうきぶつ》を分解《ぶんかい》して、エネルギーを生《う》み出《だ》す際《さい》にとても効率《こうりつ》よくはたらく。この反応《はんのう》は、細胞内《さいぼうない》のミトコンドリアで行《おこな》われ、こうして酸素《さんそ》から高《たか》いエネルギーを得《え》られた生命《せいめい》だけが、体《からだ》や細胞《さいぼう》を大《おお》きくしたり、運動能力《うんどうのうりょく》を飛躍的《ひやくてき》に高《たか》めることができた。

原始的《げんしてき》な生命《せいめい》が行《おこな》う内呼吸《ないこきゅう》では、酸素《さんそ》を使《つか》わないことは、説明《せつめい》した。このような呼吸《こきゅう》を「嫌気呼吸《けんきこきゅう》」といい、これらの生物《せいぶつ》は、わたしたちの役《やく》にたっているものも多《おお》い。ヨーグルトは、乳《にゅう》酸菌《さんきん》が内呼吸《ないこきゅう》したときにできる物質《ぶっしつ》（乳酸《にゅうさん》）を利用《りよう》した食品《しょくひん》だし、パンやお酒《さけ》ができるのも、酵母菌《こうぼきん》の内呼吸《ないこきゅう》のおかげなんだ。このはたらきを、特《とく》に「発酵《はっこう》」と呼《よ》んでいる。

第三章《だいさんしょう》

逞《たくま》しかった生《せい》命《めい》

❷2億《おく》5千《せん》万《まん》年《ねん》前《まえ》の海《かい》洋《よう》蒸《じょう》発《はつ》

――ここはアメリカのニューメキシコ州《しゅう》にある塩湖《えんこ》や。
一面《いちめん》真《ま》っ白《しろ》な塩《しお》が析出《せきしゅつ》する湖《みずうみ》――昔《むかし》この辺《あた》り一帯《いったい》が海《うみ》だった名残《なご》りや。

今《いま》から2億《おく》5千万年前《せんまんねんまえ》アメリカ大陸《たいりく》の中南部《ちゅうなんぶ》には大《おお》きな湾《わん》があった。…それが地殻変動《ちかくへんどう》によって閉《と》じ――
照《て》りつける日光《にっこう》にあぶられて出来《でき》たのがこの塩湖《えんこ》や。

まあ要《よう》するに『海洋蒸発《かいようじょうはつ》』が起《お》こったわけやね。
蒸発《じょうはつ》
厚《あつ》さ1km《キロメートル》の塩《しお》
海水《かいすい》が干上《ひあ》ったあと厚《あつ》さ1km《キロメートル》の塩《しお》が堆積《たいせき》しとるわけや。
38億年前《おくねんまえ》の全海洋蒸発《ぜんかいようじょうはつ》とは比《くら》べものにはならんかもしれんけど——
ここでも生《い》き残《のこ》った生命《せいめい》を探《さぐ》っている人《ひと》がおるんや。
130
……ホラ、このクルマを運転《うんてん》しとる——
ブーー
ウエストチェスター大学《だいがく》のラッセル・ブリーランド博士《はかせ》！
イエイ
……これは誰《だれ》の演出《えんしゅつ》だ…？
………

博士《はかせ》が向《む》かっている場所《ばしょ》は塩湖《えんこ》からクルマで約《やく》10分《ぷん》ほど――
荒野《こうや》の真《ま》ん中《なか》の建物群《たてものぐん》――
『WIPP《ダブリューアイピーピー》』――放射性廃棄物《ほうしゃせいはいきぶつ》隔離施設《かくりしせつ》。
核兵器製造時《かくへいきせいぞうじ》に使《つか》われた工具《こうぐ》や手袋等《てぶくろなど》放射能《ほうしゃのう》で汚染《おせん》された物《もの》を地下《ちか》に埋《う》める世界《せかい》で唯一《ゆいいつ》の施設《しせつ》。

131

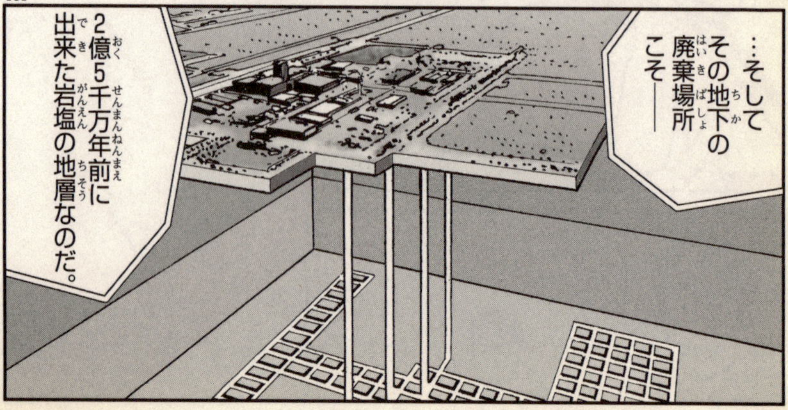
…そしてその地下《ちか》の廃棄場所《はいきばしょ》こそ――
2億《おく》5千万年前《せんまんねんまえ》に出来《でき》た岩塩《がんえん》の地層《ちそう》なのだ。

岩塩《がんえん》には少《すこ》しずつ膨張《ぼうちょう》する性質《せいしつ》があり――
地下《ちか》に運《はこ》ばれた核廃棄物《かくはいきぶつ》は千年後《せんねんご》には岩塩《がんえん》の結晶《けっしょう》の中《なか》にしっかり閉《と》じ込《こ》められ――
2度《ど》と地表《ちひょう》に出《で》る事《こと》はないそうや。
ウィーーン
核廃棄物《かくはいきぶつ》が将来《しょうらい》岩塩《がんえん》に閉《と》じ込《こ》められるなら――
2億《おく》5千万年前《せんまんねんまえ》の微生物《びせいぶつ》もまた岩塩《がんえん》の中《なか》に閉《と》じ込《こ》められているのではないか?
ブリーランド博士《はかせ》はそう考《かんが》えたわけ…や。
イエイ

132

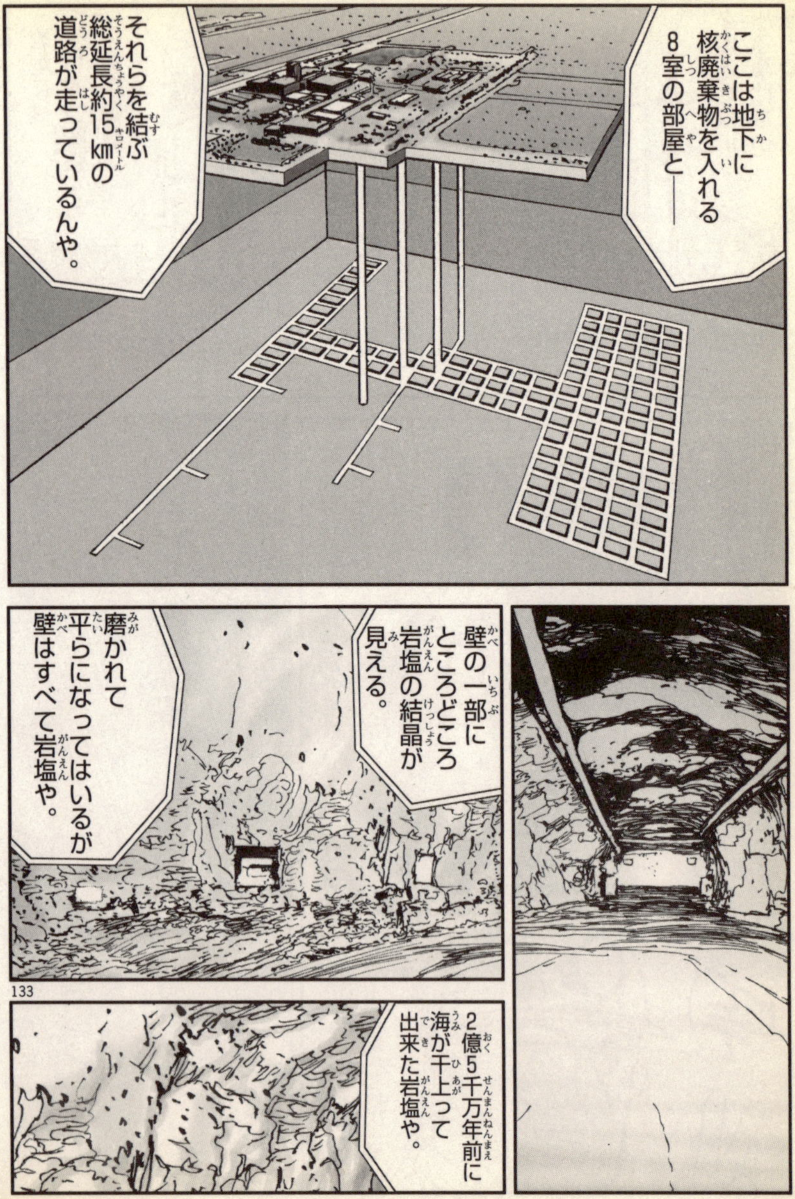
ここは地下《ちか》に核廃棄物《かくはいきぶつ》を入《い》れる8室《しつ》の部屋《へや》と――
それらを結《むす》ぶ総延長《そうえんちょう》約《やく》15km《キロメートル》の道路《どうろ》が走《はし》っているんや。
壁《かべ》の一部《いちぶ》にところどころ岩塩《がんえん》の結晶《けっしょう》が見《み》える。
磨《みが》かれて平《たい》らになってはいるが壁《かべ》はすべて岩塩《がんえん》や。
2億《おく》5千万年前《せんまんねんまえ》に海《うみ》が干上《ひあ》って出来《でき》た岩塩《がんえん》や。

ガァーッ
これから皆《みな》さんに驚《おどろ》くべきものをお見《み》せしましょう。
ここで止《と》めて！
…ふむ、
コレがいい。

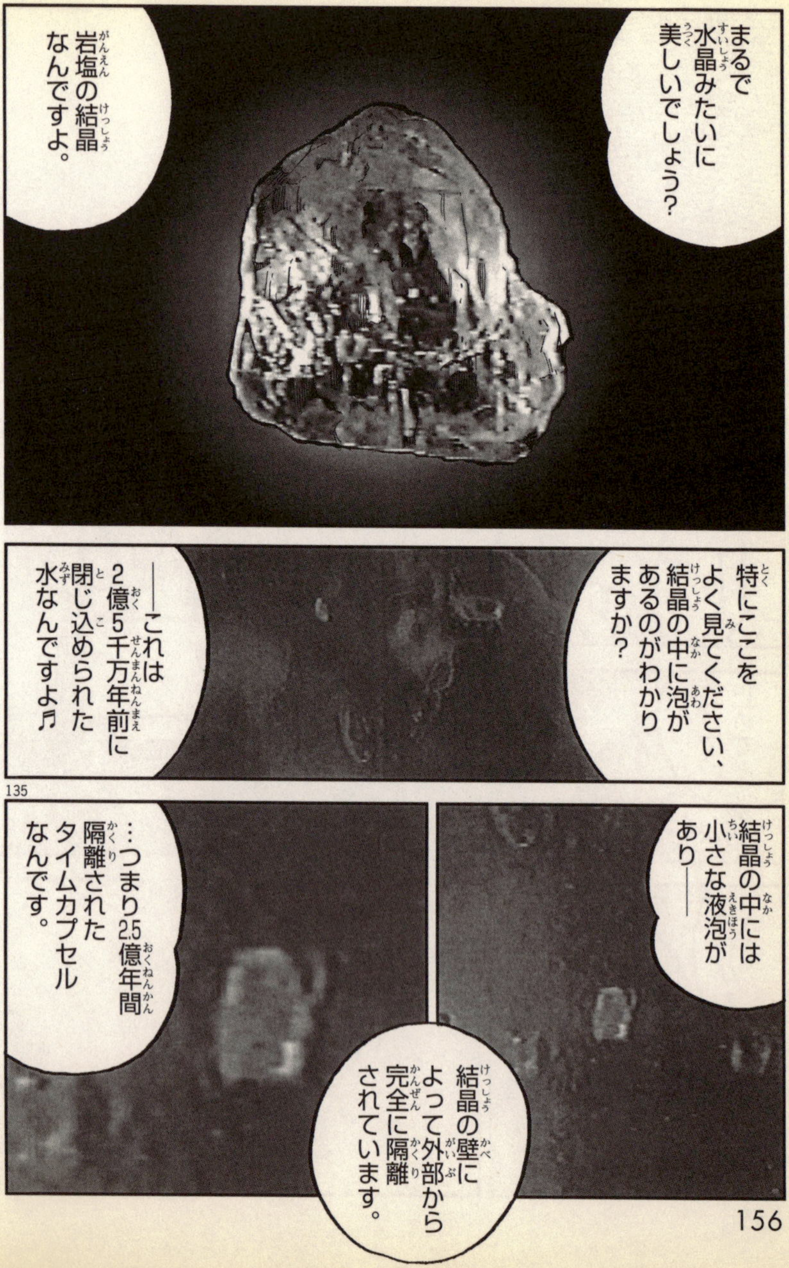
まるで水晶《すいしょう》みたいに美《うつく》しいでしょう?
岩塩《がんえん》の結晶《けっしょう》なんですよ。
特《とく》にここをよく見《み》てください、結晶《けっしょう》の中《なか》に泡《あわ》があるのがわかりますか?
——これは2億《おく》5千万年前《せんまんねんまえ》に閉《と》じ込《こ》められた水《みず》なんですよ♪
結晶《けっしょう》の中《なか》には小《ちい》さな液泡《えきほう》があり——
結晶《けっしょう》の壁《かべ》によって外部《がいぶ》から完全《かんぜん》に隔離《かくり》されています。
…つまり2.5億年間《おくねんかん》隔離《かくり》されたタイムカプセルなんです。

135

これを研究室《けんきゅうしつ》に持《も》ち帰《かえ》り
極《きわ》めて小《ちい》さな穴《あな》を開《あ》け、中《なか》の水《みず》を取《と》り出《だ》してみます。
どうぞ見《み》てください。

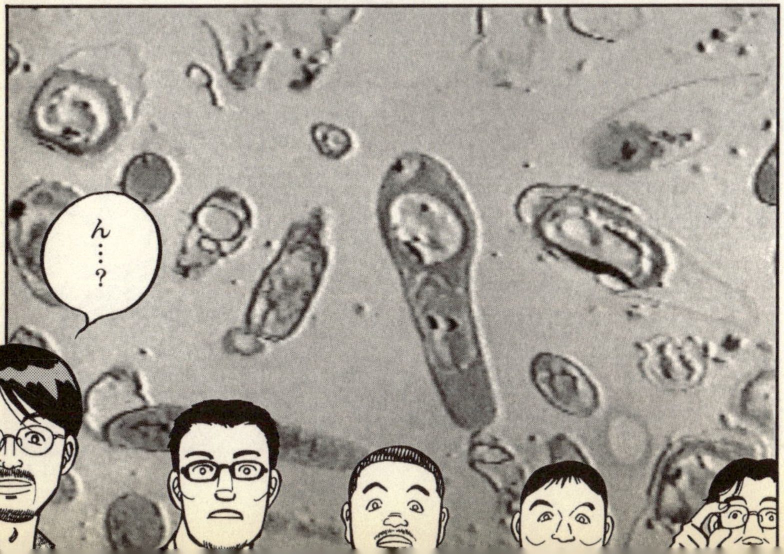
ん…?

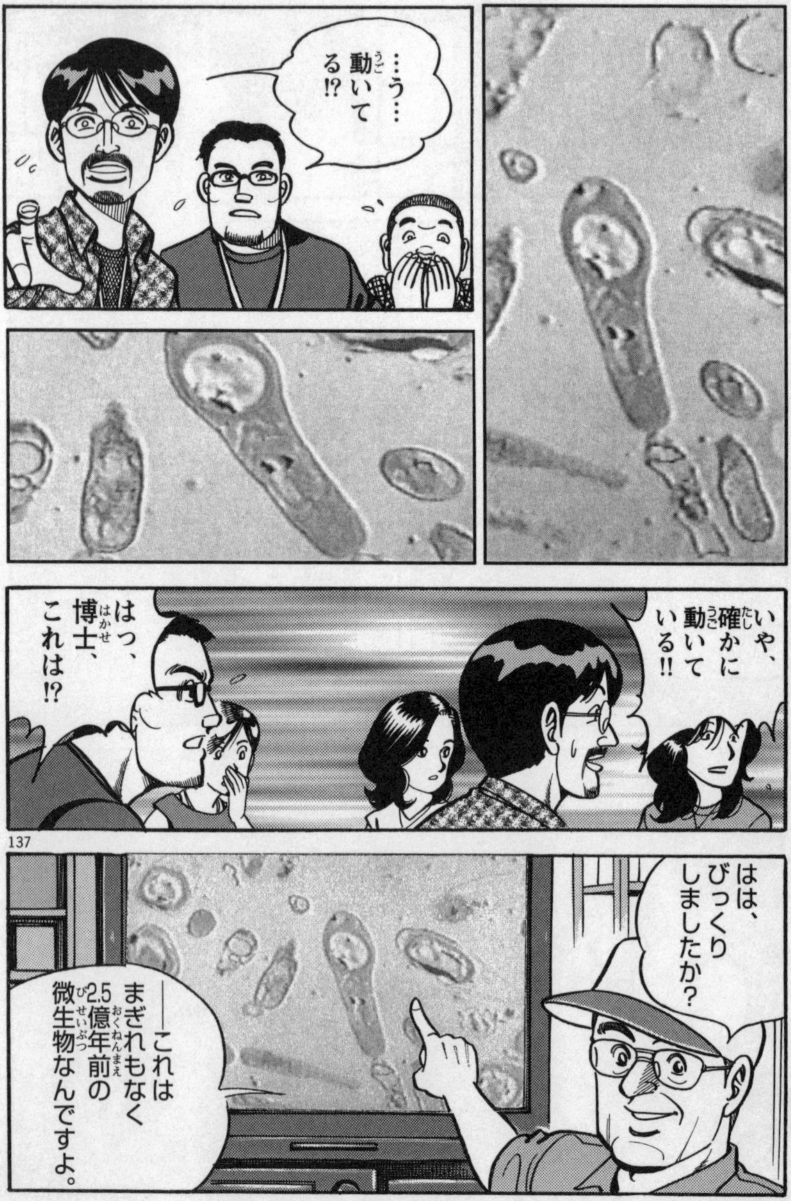
……う……動《うご》いてる!?
いや、確《たし》かに動《うご》いている!!
はっ、博士《はかせ》、これは!?
はは、びっくりしましたか?
——これはまぎれもなく2.5億年前《おくねんまえ》の微生物《びせいぶつ》なんですよ。

137

しかも驚《おどろ》いた事《こと》にこうして栄養《えいよう》を与《あた》えてやると——
増殖《ぞうしょく》を始《はじ》めるのです。
…そんな事《こと》って…？
…じゃあこの2.5億年前《おくねんまえ》の微生物《びせいぶつ》は——
生《い》きていたんですかっ!?
増殖《ぞうしょく》しているのだから死《し》んではいませんでした。
——かと言《い》って栄養《えいよう》のまったく無《な》い結晶《けっしょう》の中《なか》で何億年《なんおくねん》も活動《かつどう》していたとは…
この細菌《さいきん》たちは——
休眠《きゅうみん》していたのです。

休《きゅう》…眠《みん》!!
ブリーランド博士《はかせ》ありがとうございました！
ああまたな♪
さて2.5億年前《おくねんまえ》にアメリカで起《お》きた海洋蒸発事件《かいようじょうはつじけん》
生物《せいぶつ》は塩《しお》の結晶《けっしょう》の中《なか》で生《い》き延《の》びていた事《こと》がおわかりになったと思《おも》います。
…信《しん》じられない…
何億年《なんおくねん》も前《まえ》の微生物《びせいぶつ》が、そんな離《はな》れ技《わざ》を持《も》っていたなんて…

139

…じゃあ、40億年前《おくねんまえ》の全海洋蒸発《ぜんかいようじょうはつ》の時《とき》は？
あの時《とき》は塩《しお》さえも高温《こうおん》のため——
蒸発《じょうはつ》したんだよ…な？
そう、塩《しお》さえも蒸発《じょうはつ》したあとの海面《かいめん》、さらにその地下《ちか》で——
生命《せいめい》の生《い》き残《のこ》りの可能性《かのうせい》を探《さぐ》っている研究者《けんきゅうしゃ》がいます。
スタンフォード大学《だいがく》のスリープ博士《はかせ》とエイムズ研究《けんきゅう》センターのザンレ博士《はかせ》です。

あなたのその祖先《そせん》の生死《せいし》を分《わ》けるキーワードは「温度《おんど》」です。
何故《なぜ》なら百数十度《ひゃくすうじゅうど》以上《いじょう》になるとたんぱく質《しつ》が壊《こわ》れてしまうからです。
百数十《ひゃくすうじゅう》度《ど》…!?
海水《かいすい》が蒸発《じょうはつ》すると海底面《かいていめん》は岩石蒸気《がんせきじょうき》に直接触《ちょくせつふ》れるため
表面温度《ひょうめんおんど》は2000～4000度《ど》にもなります。
この環境下《かんきょうか》で生物《せいぶつ》が生《い》きるのは絶望的《ぜつぼうてき》です。

141

…では海底《かいてい》の地下《ちか》はどうか？深《ふか》い所《ところ》に潜《もぐ》れば温度《おんど》はもっと低《ひく》いはずですが――
今度《こんど》は逆《ぎゃく》に深《ふか》く潜《もぐ》り過《す》ぎると地球内部《ちきゅうないぶ》からの熱《ねつ》にやられてしまう。
2000～4000℃
地殻断面《ちかくだんめん》
マグマ

さらに地球《ちきゅう》を取《と》り巻《ま》いた岩石蒸気《がんせきじょうき》の熱《ねつ》は、水蒸気《すいじょうき》の温室効果《おんしつこうか》で数千年《すうせんねん》に渡《わた》って――
1年《いちねん》に1m弱《メートルじゃく》というゆっくりした速度《そくど》で深部《しんぶ》へ伝《つた》えられていきます。
たんぱく質《しつ》が壊《こわ》れない温度《おんど》の場所《ばしょ》はあるのか？
我々《われわれ》は計算《けいさん》してみました。
あったんですよ♪

海底面《かいていめん》から深《ふか》さ1～4㎞《キロメートル》の間《あいだ》なら温度《おんど》は百数十度以下《ひゃくすうじゅうどいか》になる事《こと》が判《わか》りました。
1～4㎞《キロメートル》
ヨコ
ヨコ
——しかも、1万年《まんねん》経《た》ってもこの領域《りょういき》ならこの温度《おんど》は保《たも》たれます！
マグマ
少《すく》なくとも温度《おんど》で見《み》る限《かぎ》り——
……
我々《われわれ》の祖先《そせん》は運良《うんよ》くそんな場所《ばしょ》にすんでいたのかもしれません……
143
スリープ博士《はかせ》ザンレ博士《はかせ》、ありがとうございました。

地球《ちきゅう》に酸素《さんそ》を生《う》みだしたもの

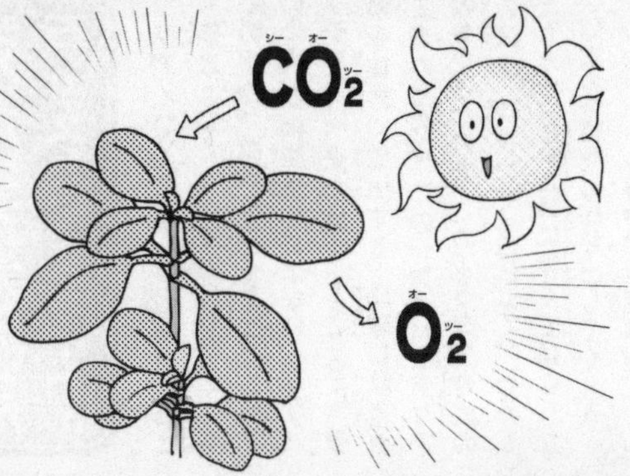

光合成《こうごうせい》という奇跡《きせき》のシステムの始《はじ》まり

誕生《たんじょう》してから十数億年間《じゅうすうおくねんかん》、地球《ちきゅう》には酸素《さんそ》がほとんどなかったと考《かんが》えられている。このころの生命《せいめい》は、種《しゅ》の数《かず》も少《すく》なく、生《い》きていくのに必要《ひつよう》なエネルギーを、硝酸《しょうさん》や硫酸《りゅうさん》などの物質《ぶっしつ》から作《つく》り出《だ》していた。

しかし、だんだん生命《せいめい》の種《しゅ》も数《かず》も多《おお》くなってくると、利用《りよう》できるまわりの物質《ぶっしつ》が少《すく》なくなってしまった。そのため、光《ひかり》のエネルギーを利用《りよう》して栄養分《えいようぶん》を作《つく》る、つまり「光合成《こうごうせい》」を行《おこな》う光合成細菌《こうごうせいさいきん》が現《あらわ》れた。28〜22億年前《おくねんまえ》のことだったと考《かんが》えられている。

光合成《こうごうせい》は光《ひかり》のエネルギーを利用《りよう》して、二酸化炭素《にさんかたんそ》と水《みず》から栄養分《えいようぶん》(炭水化物《たんすいかぶつ》)を作《つく》り出《だ》すしくみだ。光合成《こうごうせい》という能力《のうりょく》を身《み》につけたことで、生物《せいぶつ》はそれまでの20倍《ばい》も、エネルギーの生産力《せいさんりょく》が高《たか》まったといわれる。

初期《しょき》の光合成細菌《こうごうせいさいきん》は、光合成《こうごうせい》のときに酸素《さんそ》を生《う》み出《だ》すことはなかった。光合成《こうごうせい》をしたときの廃棄物《はいきぶつ》として、酸素《さんそ》を出《だ》す生命《せいめい》が現《あらわ》れたのは、それから数億年後《すうおくねんご》のことで、シアノバクテリアという生《い》き物《もの》だった。

この頃《ころ》、地球《ちきゅう》に強《つよ》い磁場《じば》ができ、太陽《たいよう》からの有害《ゆうがい》な宇宙線《うちゅうせん》がさえぎられるようになると、生物《せいぶつ》は太陽光線《たいようこうせん》の当《あ》たる海《うみ》の浅《あさ》い場所《ばしょ》でも暮《く》らし始《はじ》めた。シアノバクテリアも、そんな生命《せいめい》のひとつだった。

シアノバクテリアが作《つく》った石《いし》～ストロマトライト～

シアノバクテリアは、当時《とうじ》のもっとも簡単《かんたん》なしくみの生物《せいぶつ》のひとつで、多《おお》くの細胞《さいぼう》が数珠玉《じゅずだま》のようにつながっているが、多細胞生物《たさいぼうせいぶつ》ではない。シアノバクテリアは、光合成《こうごうせい》をするときに、酸素《さんそ》を体外《たいがい》に放出《ほうしゅつ》する。地球《ちきゅう》に酸素《さんそ》が生《う》まれたのは、このシアノバクテリアのおかげなのだ。このような光合成《こうごうせい》の方法《ほうほう》は、現在《げんざい》まで受《う》けつがれ、わたしたちが生《い》きるためになくてはならない酸素《さんそ》を、植物《しょくぶつ》は作《つく》り出《だ》してくれる。

シアノバクテリアの表面《ひょうめん》は、ヌルヌルしているため、まわりに砂《すな》やどろがついてしまう。そして、日光《にっこう》をたくさん浴《あ》びようとして、砂《すな》やどろの上《うえ》で少《すこ》しずつ成長《せいちょう》を続《つづ》ける。そのスピードは遅《おそ》く、1㎜《ミリメートル》成長《せいちょう》するのに2年《ねん》もかかるほど。しかし、このようなことが何億年《なんおくねん》もくりかえされると、年輪《ねんりん》のような層《そう》を持《も》つ石《いし》ができてくる。この石《いし》がストロマトライトと呼《よ》ばれているものだ。

シアノバクテリアの活発《かっぱつ》な活動《かつどう》によって、海《うみ》の中《なか》や大気中《たいきちゅう》は酸素《さんそ》で満《み》たされていき、多《おお》くのストロマトライトができた。やがて、この表面《ひょうめん》をけずって食《た》べる動物《どうぶつ》が出現《しゅつげん》したため、ストロマトライトは、塩分《えんぶん》が高《たか》すぎて魚《さかな》や貝《かい》がすめない湾《わん》などだけに残《のこ》った。

世界遺産《せかいいさん》に登録《とうろく》されているオーストラリア西部《せいぶ》のシャーク湾《わん》では、ストロマトライトは現在《げんざい》も成長《せいちょう》を続《つづ》けている。

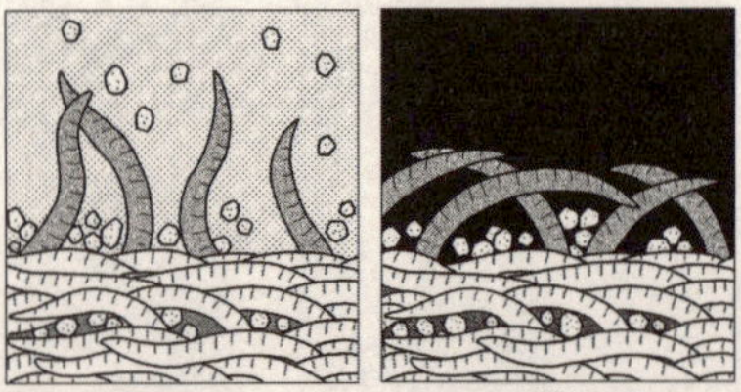

昼《ひる》は、活動《かつどう》しているシアノバクテリアの表面《ひょうめん》に砂《すな》やどろがつく。夜《よる》、活動《かつどう》を止《や》めた時《とき》にたまった砂《すな》やどろが層《そう》になっていく。

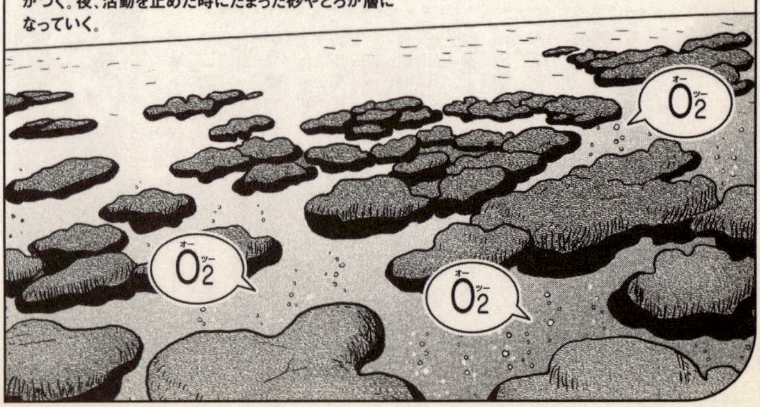

第三章《だいさんしょう》

逞《たくま》しかった生命《せいめい》

③坑道《こうどう》のバクテリア

――さて、それでは最後《さいご》の検証《けんしょう》に入《はい》ります。
地下《ちか》1km《キロメートル》以上《いじょう》もの場所《ばしょ》に生命《せいめい》は進出《しんしゅつ》出来《でき》るのでしょうか?
答《こた》えは〝イエス〟です。
…地下《ちか》1km《キロメートル》以上《いじょう》の深《ふか》さ――
実証《じっしょう》出来《でき》るんだっ。
もちろんです!
水戸《みと》ちゃん頼《たの》むよ。
あいよ、わかりました!

145

——ここは南《みなみ》アフリカにある「エバンダ金鉱山《きんこうざん》」、
金《きん》を掘《ほ》り出《だ》す為《ため》なんと地下《ちか》2km《キロメートル》まで通路《つうろ》が掘《ほ》られておりますねん♪
146
地下《ちか》2km《キロメートル》〜〜〜!?
人間《にんげん》が潜《もぐ》る事《こと》の出来《でき》る地球上《ちきゅうじょう》で最《もっと》も深《ふか》い穴《あな》のひとつですな。
…まあよく掘《ほ》ったもんや…
ふえ〜!
×6
東京《とうきょう》タワーがそのまま6個《こ》埋《う》まる深《ふか》さだ……
さ、潜《もぐ》ってみまひょ♡

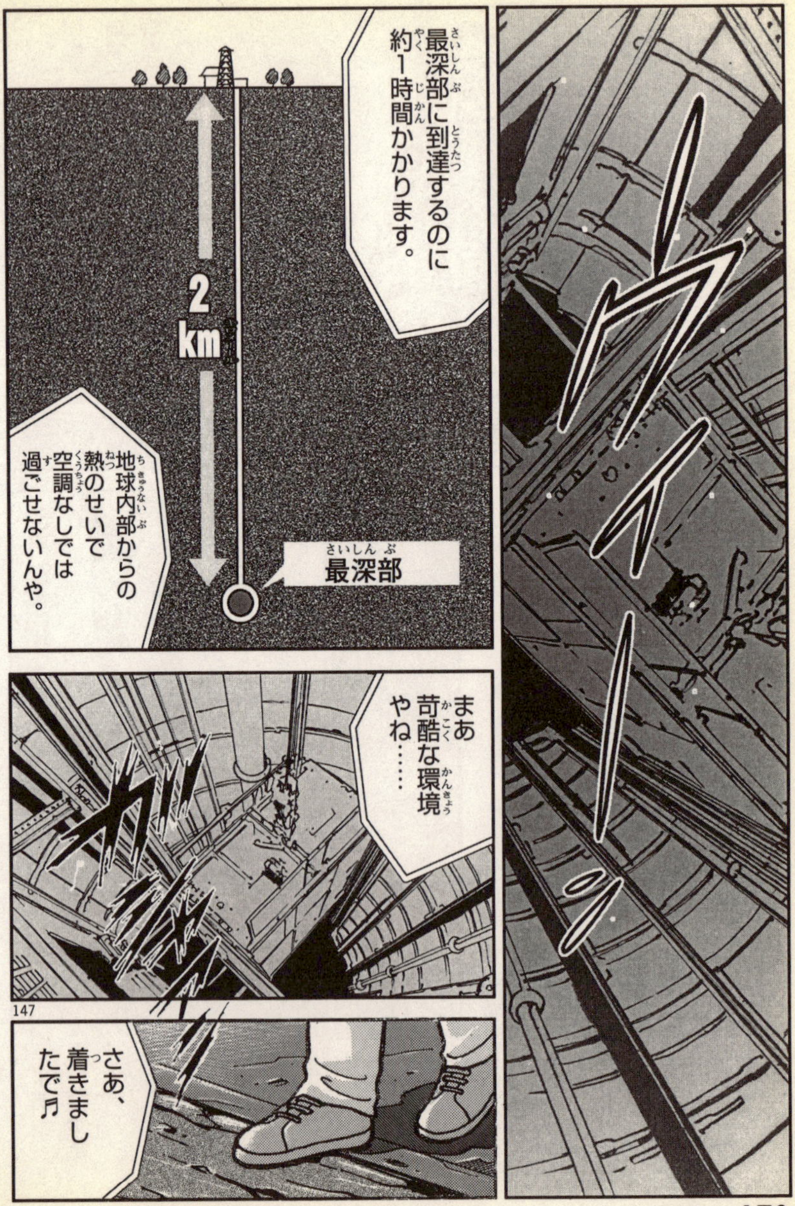

最深部《さいしんぶ》に到達《とうたつ》するのに約《やく》1時間《じかん》かかります。
2km
最深部《さいしんぶ》
地球内部《ちきゅうないぶ》からの熱《ねつ》のせいで空調《くうちょう》なしでは過《す》ごせないんや。
まあ苛酷《かこく》な環境《かんきょう》やね……
さあ、着《つ》きましたで♪

147

ややっ このお方《かた》は――!?
イェーイ
ブリーランド博士《はかせ》やおまへんかっ!?
ずりっ
やぁ皆《みな》さん♡
またお会《あ》いしましたね♬

先程《さきほど》は岩塩《がんえん》の中《なか》でしたが――
今度《こんど》は地球《ちきゅう》最深部《さいしんぶ》の中《なか》ですからね♡
もっと驚《おどろ》くものをお見《み》せしますよ♪

さあ
ここです♬
149
皆《みな》さん!
この坑道《こうどう》の壁《かべ》にくっついているコレが何《なに》かわかりますか?
…ホラ♪
変色《へんしょく》した膜状《まくじょう》のものですね。
?
…何《なん》だろう?
——じつは微生物達《びせいぶつたち》の群集《ぐんしゅう》なんです。
顕微鏡《けんびきょう》で覗《のぞ》いてみましょうか?
え——っ!!
微生物《びせいぶつ》の群集《ぐんしゅう》〜〜〜っ!?

ホ〜ラ たくさん うごめいて いるでしょ♬
か〜〜〜わいい ですね〜〜〜♬
イヤーっ!!
…は、博士《はかせ》…。
150
きっと、この岩《いわ》の中《なか》の ミクロンサイズの穴《あな》の中《なか》で 驚《おどろ》くほどの長《なが》い年月《ねんげつ》 休眠《きゅうみん》していた細菌《さいきん》が
この坑道《こうどう》が出来《でき》た ことで目覚《めざ》めて 繁殖《はんしょく》したんで しょうねエ……

…まったく生物《せいぶつ》の逞《たくま》しさにはあきれるばかりです。
地球上《ちきゅうじょう》のどこにでも進出《しんしゅつ》して——
すみ心地《ごこち》が悪《わる》くなれば——
環境《かんきょう》が良《よ》くなるまで何億年《なんおくねん》も休眠《きゅうみん》し…
生《い》き延《の》びるんです。
151
逆《ぎゃく》に言《い》えば——
ひとたび地球上《ちきゅうじょう》に生命《せいめい》が誕生《たんじょう》したなら、それを根《ね》絶《だ》やしにする事《こと》は——
容易《ようい》ではないという事《こと》です！
博士《はかせ》カッコイイじゃん♪
ぐす

――以上《いじょう》
ブリーランドの
報告《ほうこく》でした♡
スタジオさん
どーぞ♡
あのマイクは…?
田《た》…附《づけ》
モニターを
切《き》れ!!
ブツ
は……
はいっ!!
いかがでした
でしょうか
……?
あの
オヤジの事は
忘れて…
…うむ。
よく
わかった
よ。
生命《せいめい》が
こんなに
逞《たくま》しかった
とは…な。

原始《げんし》生命《せいめい》には猛毒《もうどく》だった酸素《さんそ》

166ページで紹介《しょうかい》したように、シアノバクテリアはどんどん酸素《さんそ》を生産《せいさん》し、地球上《ちきゅうじょう》には酸素《さんそ》が満《み》ちていった。その結果《けっか》、今《いま》では考《かんが》えられないような大《だい》事件《じけん》が起《お》こった。

増《ふ》えすぎた酸素《さんそ》が環境汚染《かんきょうおせん》を引《ひ》き起《お》こし、生命《せいめい》は大絶滅《だいぜつめつ》というアクシデントに見舞《みま》われたのだ。

わたしたちにとって、酸素《さんそ》は生《い》きていくために、なくてはならない物質《ぶっしつ》だ。でも、本来《ほんらい》、生命《せいめい》にとって、酸素《さんそ》はとても有害《ゆうがい》な物質《ぶっしつ》だ。現在《げんざい》、地球上《ちきゅうじょう》で活動《かつどう》しているほとんどの生命《せいめい》は、酸素中毒《さんそちゅうどく》を防《ふせ》ぐため、体《からだ》の中《なか》に特殊《とくしゅ》なしくみを備《そな》えている。

しかし、そうしたしくみを持《も》っていなかった当時《とうじ》の生命《せいめい》は、シアノバクテリアが引《ひ》き起《お》こした酸素汚染《さんそおせん》によって、絶滅《ぜつめつ》してしまったり、酸素《さんそ》の届《とど》かない深《ふか》い地底《ちてい》などに追《お》いやられてしまった。

現在《げんざい》のように、酸素《さんそ》を消費《しょうひ》する生《せい》命《めい》が少《すく》なかったので、増《ふ》えすぎた酸素《さんそ》は海水《かいすい》に含《ふく》まれる鉄分《てつぶん》と結《むす》びついた。当時《とうじ》の地層《ちそう》を含《ふく》む岩石《がんせき》を調《しら》べた結果《けっか》、22億年《おくねん》ほど前《まえ》の海《うみ》は赤《あか》くさびていたのではないか、と考《かんが》えられるようになった。やがて、海《うみ》の中《なか》に酸素《さんそ》と結《むす》びつく鉄分《てつぶん》などの物質《ぶっしつ》が少《すく》なくなると、酸《さん》素《そ》は大気中《たいきちゅう》にあふれ出《だ》していった。

その後《あと》、多《おお》くの生命《せいめい》は、酸素中毒《さんそちゅうどく》を防《ふせ》ぐしくみを手《て》に入《い》れた。そして、酸《さん》素《そ》は長《なが》い時間《じかん》をかけて現在《げんざい》のような大気《たいき》や、地上《ちじょう》を有害《ゆうがい》な紫外線《しがいせん》から守《まも》るオゾン層《そう》など、生命《せいめい》が上陸《じょうりく》するのに必要《ひつよう》なものを準備《じゅんび》してくれたのだ。

第三章《だいさんしょう》

逞《たくま》しかった生命《せいめい》

④海《うみ》の復活《ふっかつ》

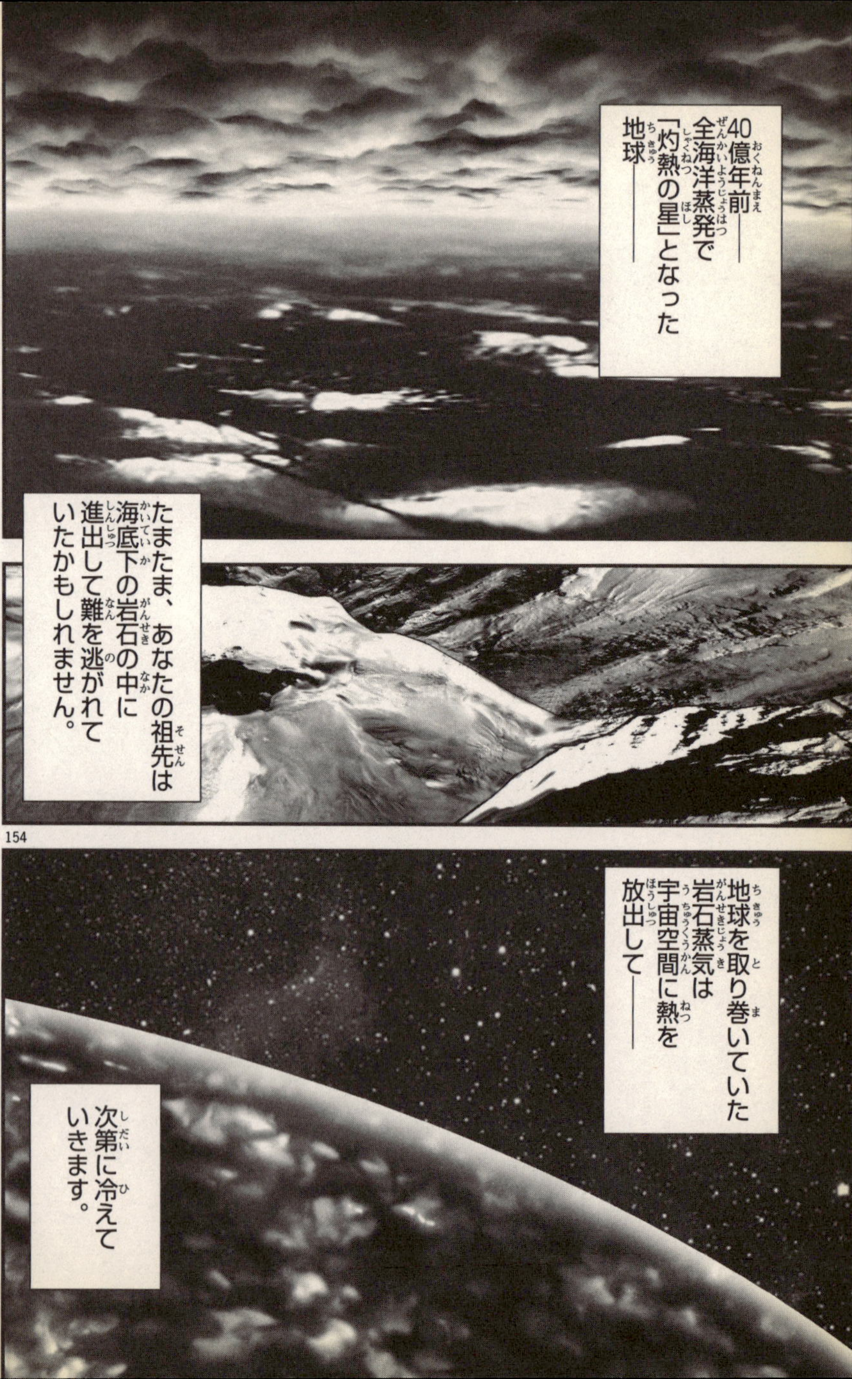
40億年前《おくねんまえ》——
全海洋蒸発《ぜんかいようじょうはつ》で
「灼熱《しゃくねつ》の星《ほし》」となった
地球《ちきゅう》——
たまたま、あなたの祖先《そせん》は
海底下《かいていか》の岩石《がんせき》の中《なか》に
進出《しんしゅつ》して難《なん》を逃《の》がれて
いたかもしれません。
地球《ちきゅう》を取《と》り巻《ま》いていた
岩石蒸気《がんせきじょうき》は
宇宙空間《うちゅうくうかん》に熱《ねつ》を
放出《ほうしゅつ》して——
次第《しだい》に冷《ひ》えて
いきます。

その岩石《がんせき》蒸気《じょうき》と入《い》れ替《か》わるように——
上空《じょうくう》には水蒸気《すいじょうき》の雲《くも》が出来《でき》始《はじ》めました。
…そしてついに——

隕石衝突《いんせきしょうとつ》から1000年後《ねんご》——
ザーーッ
ザァア
地表《ちひょう》に雨粒《あまつぶ》が落《お》ち始《はじ》めました。

バシャ
バシャ
バシャ
年間降水量《ねんかんこうすいりょう》
1万《まん》ミリ以上《いじょう》という
現在《げんざい》の熱帯《ねったい》地方《ちほう》の
ような雨《あめ》が降《ふ》り
注《そそ》ぎます。
大雨《おおあめ》は2000年《ねん》にも渡《わた》り
断続的《だんぞくてき》に降《ふ》り続《つづ》けます。

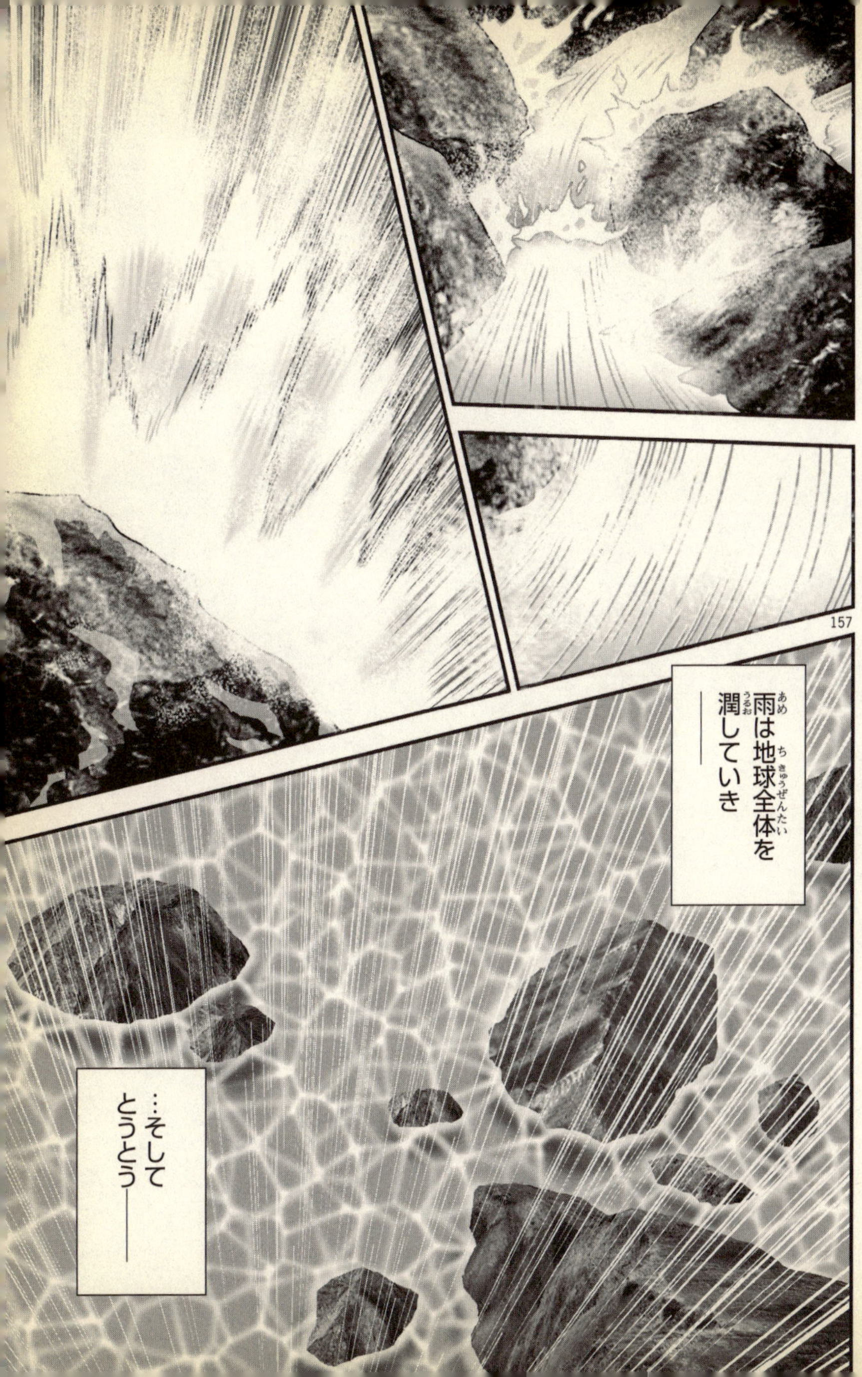
雨《あめ》は地球全体《ちきゅうぜんたい》を潤《うるお》していき——
…そしてとうとう——

3000年《ねん》ぶりに――

地球《ちきゅう》に海《うみ》が
復活《ふっかつ》したのです！

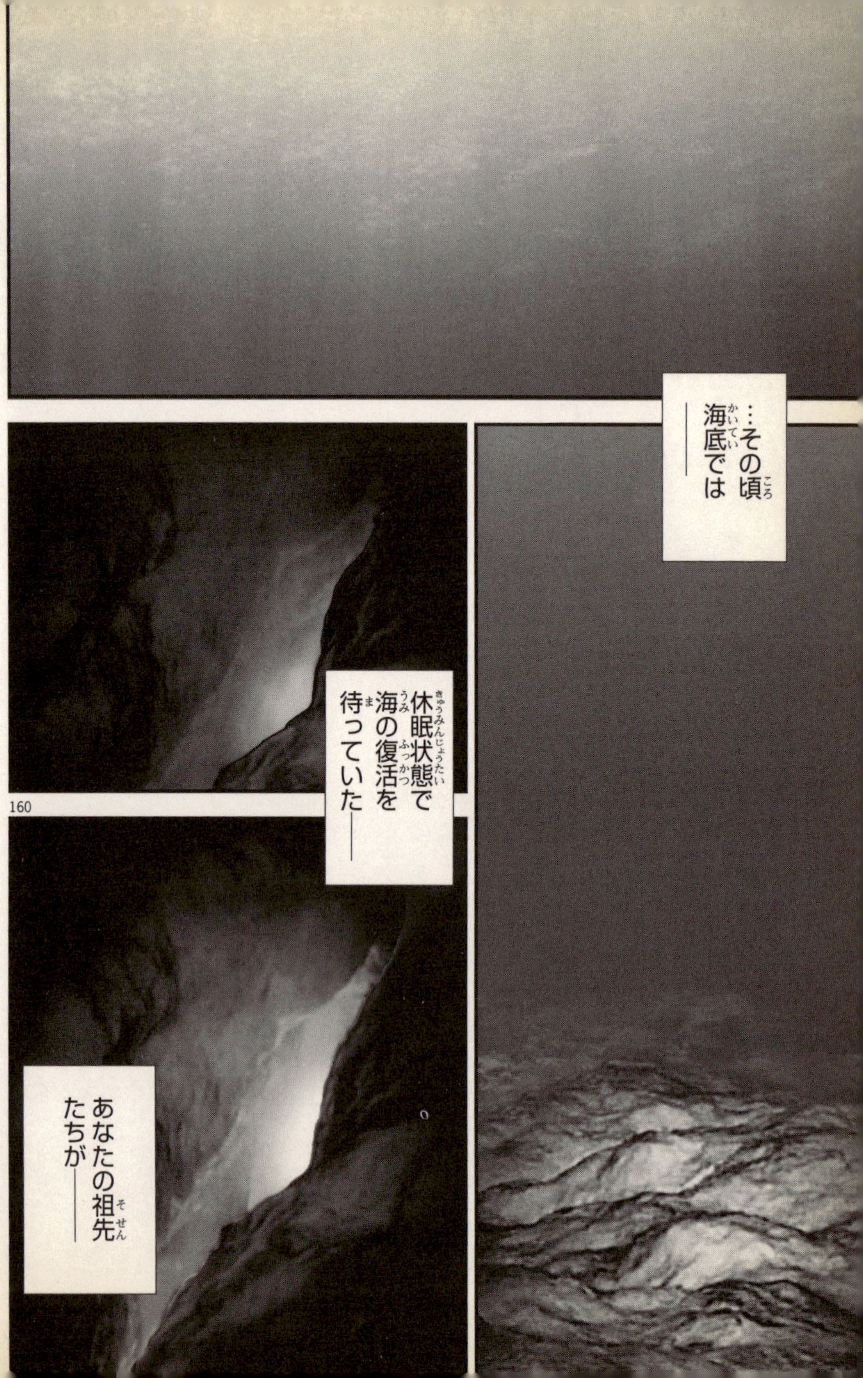
…その頃《ころ》
海底《かいてい》では——
休眠状態《きゅうみんじょうたい》で
海《うみ》の復活《ふっかつ》を
待《ま》っていた——
あなたの祖先《そせん》
たちが——

復活《ふっかつ》した海《うみ》へと
再進出《さいしんしゅつ》して行《い》ったに
違《ちが》いありません。

地球《ちきゅう》の生命《せいめい》たちも――
甦《よみがえ》ったのです!!

サイエンス・ノート 生命《せいめい》の話《はなし》②

温泉《おんせん》や1000m《メートル》の地中《ちちゅう》でも生《い》きていけるバクテリア

原始的《げんしてき》な生命《せいめい》のなかには、わたしたちには想像《そうぞう》もつかないきびしい環境《かんきょう》で生《い》き続《つづ》けているものも多《おお》い。そのほとんどは、酸素《さんそ》が苦手《にがて》なバクテリアの仲間《なかま》で、大昔《おおむかし》、地球上《ちきゅうじょう》に酸素《さんそ》のなかった時代《じだい》には、もっと広《ひろ》い環境《かんきょう》に存在《そんざい》していたようだ。

ところが、24億年前《おくねんまえ》にシアノバクテリアが酸素《さんそ》を大量《たいりょう》に生産《せいさん》し始《はじ》めたため、酸素《さんそ》が苦手《にがて》なバクテリアは、酸素《さんそ》の届《とど》かない環境《かんきょう》に避難《ひなん》したと考《かんが》えられている。

酸素《さんそ》の存在《そんざい》しない環境《かんきょう》には、たとえば温泉《おんせん》などがある。なんと113℃という超高温《ちょうこうおん》の温泉《おんせん》の中《なか》でも、超高熱菌《ちょうこうねつきん》というバクテリアは、平然《へいぜん》と暮《く》らしている。岩塩《がんえん》の中《なか》もそうだ。海水《かいすい》の4倍《ばい》という濃《こ》い塩分《えんぶん》の岩《いわ》の中《なか》にも、酸素《さんそ》の嫌《きら》いなバクテリアが生活《せいかつ》している。

やはり酸素《さんそ》のない、地下《ちか》1000m《メートル》もの深《ふか》さの岩石《がんせき》の中《なか》からも、生《い》きたバクテリアが発見《はっけん》されている。なかには、4000m《メートル》もの深海底《しんかいてい》の、さらに地下《ちか》4000m《メートル》で生活《せいかつ》できるものもいるという。本人《ほんにん》たちにとってみれば、けっこう暮《く》らしやすい所《ところ》なのかもしれない。

ところで、こうしたバクテリアのなかには、酸素《さんそ》をさけて地下《ちか》に逃《に》げこんだ種類《しゅるい》だけでなく、もともとそこに暮《く》らしていたものも含《ふく》まれているのかもしれない。もしそうだとすれば、生命《せいめい》は地底《ちてい》で誕生《たんじょう》したと考《かんが》えることもできる。地中《ちちゅう》のバクテリアは、生命《せいめい》の起《き》源《げん》をさぐる貴重《きちょう》な生《い》きた資料《しりょう》として、注目《ちゅうもく》を集《あつ》めている。

相手《あいて》を利用《りよう》することで、お互《たが》いに生《い》き延《の》びる　～共生《きょうせい》の形《かたち》～

異《こと》なった種類《しゅるい》の生物《せいぶつ》どうしが、ともに助《たす》け合《あ》って暮《く》らすことを「共生《きょうせい》」という。ディズニー映画《えいが》『ファインディング・ニモ』で有名《ゆうめい》になった魚《さかな》のクマノミと、イソギンチャクの例《れい》はよく知《し》られている。クマノミは、イソギンチャクの毒《どく》のある触手《しょくしゅ》によって、敵《てき》から守《まも》られるけれども、イソギンチャクにとっては何《なん》のメリットもない。このような、片方《かたほう》だけにメリットがある共生《きょうせい》を「片利共生《へんりきょうせい》」という。

アリとアブラムシの関係《かんけい》を見《み》てみよう。アブラムシは甘《あま》い液体《えきたい》をおしっことして出《だ》す。アリはこの甘《あま》い液体《えきたい》が大好《だいす》きなので、アブラムシを敵《てき》から守《まも》っている。このように、お互《たが》いにメリットがある共生《きょうせい》を「相利共生《そうりきょうせい》」という。

生物《せいぶつ》の細胞《さいぼう》も、147ページで紹介《しょうかい》したミトコンドリアのように、別々《べつべつ》に暮《く》らしていた大《おお》きさも形《かたち》も異《こと》なる細胞《さいぼう》どうしが、生《い》き残《のこ》るために共生《きょうせい》を始《はじ》めたことによって生《う》まれたといわれている。このような現象《げんしょう》は「細胞内共生《さいぼうないきょうせい》」という。

この細胞内共生《さいぼうないきょうせい》が進《すす》んだ結果《けっか》、生命《せいめい》が生《い》き残《のこ》れただけでなく、より複雑《ふくざつ》なしくみの生物《せいぶつ》が発展《はってん》する道《みち》が開《ひら》けていったのだ。

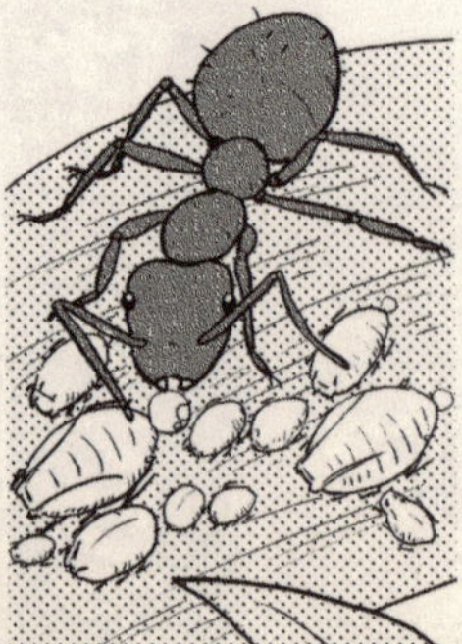

エピローグ

Nスタジオ
え〜〜〜いかがでしたでしょうか？
ここまで地球《ちきゅう》と生命《せいめい》について検証《けんしょう》してきたわけですが——

164

印象深《いんしょうぶか》い点《てん》ではこれまでの「地球《ちきゅう》」や「生命《せいめい》」に抱《いだ》いていたイメージが——
最新《さいしん》科学《かがく》によって明《あ》かされた実像《じつぞう》とだいぶ違《ちが》っていたのではないでしょうか？

「地球《ちきゅう》」と「生命《せいめい》」の関係《かんけい》は――
『優《やさ》しい母《はは》と、か弱《よわ》い子供《こども》』から『厳《きび》しい父《ちち》と逞《たくま》しい子供《こども》』に変《か》わってきたのではないでしょうか?
…うむ。
田附《たづけ》の言《い》うとおりだ。
…そして我々《われわれ》は今日《きょう》2つの重要《じゅうよう》な点《てん》を学《まな》んだ。
ひとつめは――

原始惑星《げんしわくせい》どうしの激《はげ》しい衝突《しょうとつ》によって地球《ちきゅう》が現在《げんざい》の大《おお》きさになった事《こと》——
これが原因《げんいん》で地球《ちきゅう》は「荒《あら》ぶる星《ほし》」の宿命《しゅくめい》を背負《せお》った——

全海洋蒸発《ぜんかいようじょうはつ》事件《じけん》が、その典型《てんけい》だろう……
…でも試練《しれん》はまだこれだけではないんだろ？
…はい。
のちに発表《はっぴょう》しますが「大氷河期《だいひょうがき》」や「マントルの大噴出《だいふんしゅつ》」とかが……
…うむ。
まだまだ生命《せいめい》にとって苛酷《かこく》な状況《じょうきょう》は続《つづ》くんだな？
167

そしてふたつめのポイントが——
そんな状況下《じょうきょうか》でも『生《い》き残《のこ》る為《ため》にどこへでも進出《しんしゅつ》していく』生命《せいめい》の逞《たくま》しい本能《ほんのう》を学《まな》んだ事《こと》だ。

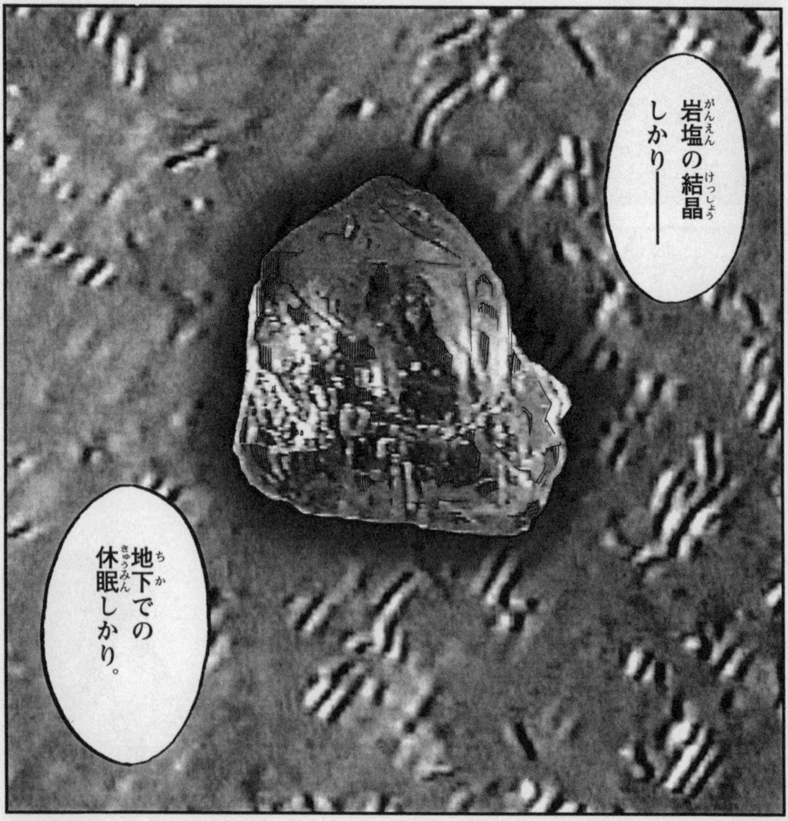
岩塩《がんえん》の結晶《けっしょう》しかり——
地下《ちか》での休眠《きゅうみん》しかり。

地球《ちきゅう》は、このあとも数々《かずかず》の大変動《だいへんどう》に見舞《みま》われる。
…しかし、これらの大変動《だいへんどう》をも克服《こくふく》して――
生命《せいめい》は生《い》き続《つづ》けてきたんだ。
――事実《じじつ》地球史上《ちきゅうしじょう》、生命《せいめい》は〝一度《いちど》も途絶《とだ》えていない!〟

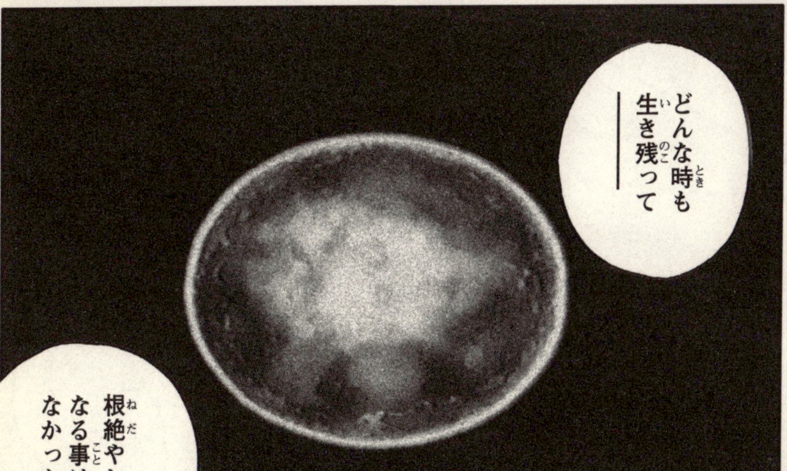
どんな時《とき》も生《い》き残《のこ》って――
根絶《ねだ》やしになる事《こと》はなかったんだ!

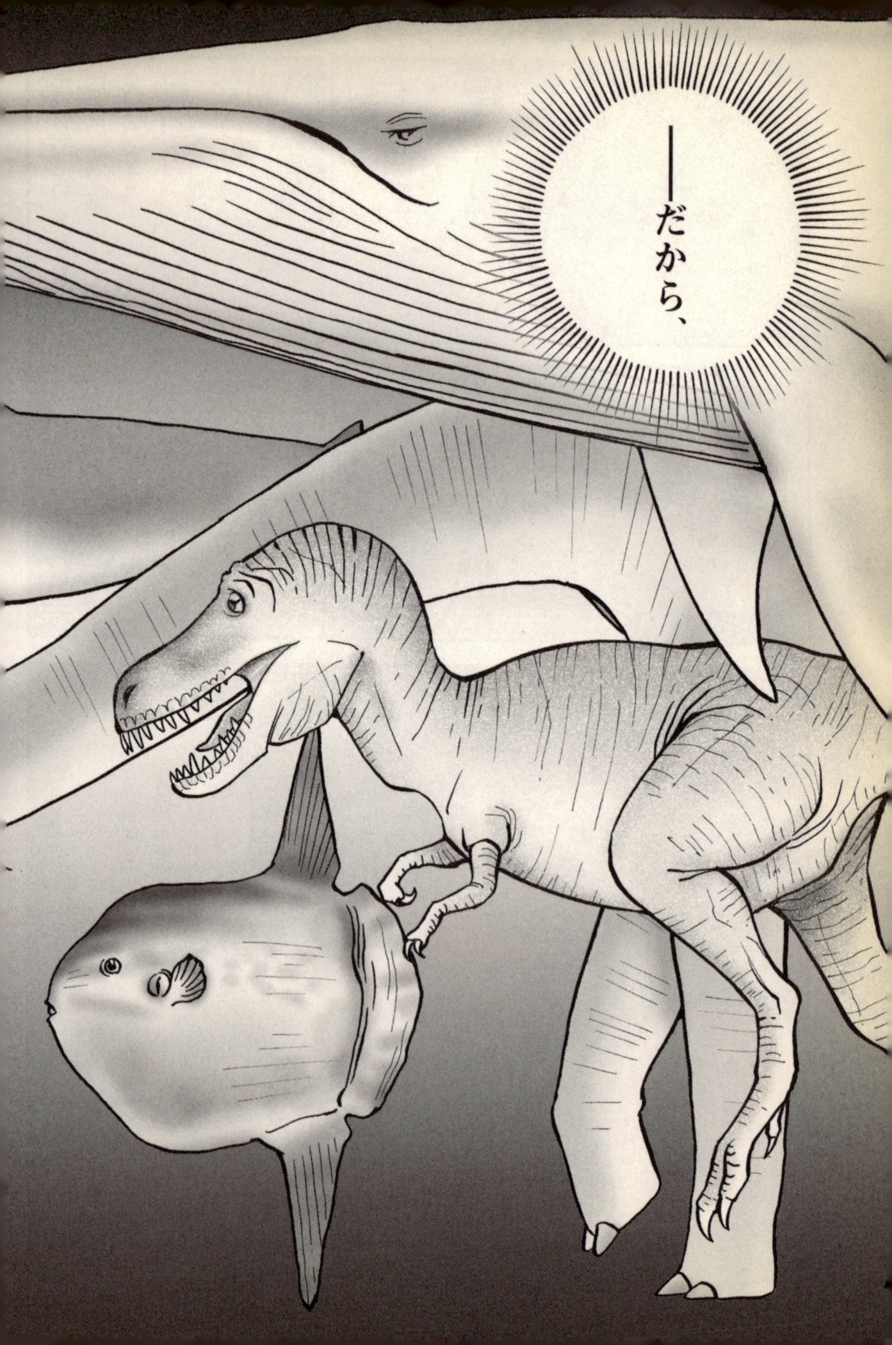
——だから、

我々《われわれ》がここに在《あ》る!!

――では 引《ひ》き続《つづ》き『地球大進化《ちきゅうだいしんか》』を 皆《みな》で探《さぐ》っていこう!
よし!
ハイッ!!
はいっ!!

172

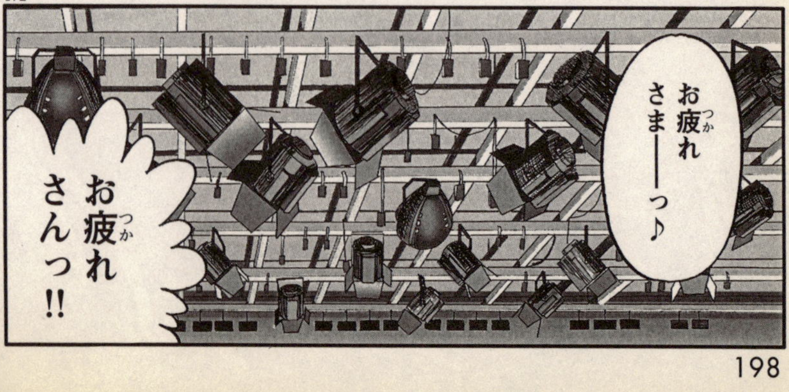
お疲《つか》れさま――っ♪
お疲《つか》れさんっ!!

お疲《つか》れさま～♪
どう？眠《ねむ》たくならなかった？
…ボクは大丈夫《だいじょうぶ》だけど…
お姉《ねえ》さん…
どしたの～？陽子《ようこ》ちゃん、元気《げんき》ないじゃん！
気分《きぶん》でも悪《わる》いの？
ううん！

173

…私《わたし》ね、うまく言《い》えないんだけど――
今日《きょう》NHK《エヌエイチケー》に来《き》て本当《ほんとう》に良《よ》かったなア…って思《おも》ったの。
――こうやって愛《あい》お姉《ねえ》さんやスタッフの皆《みな》さんと知《し》り合《あ》えたのもそうなんだけど…
…もともとは私《わたし》たちは微生物《びせいぶつ》だったんだなあ…って。
…それも苦労《くろう》ばっかりで――
必死《ひっし》でなんとか――
生《い》き抜《ぬ》いて――
174

私《わたし》たちがこうやって生《い》きているって——
すごいんだなア…って。
…うん。
お姉《ねえ》ちゃんも同《おな》じ事《こと》考《かんが》えたナ♪
ホント!?
ほんと♬

175

じゃあね、また来週《らいしゅう》来《く》るのよ♬
ハァイ♡
176
あ…強《つよし》クン！
それからね──
陽子《ようこ》ちゃんを駅《えき》までしっかり見送《みおく》るのよ！
強《つよし》クンは男《おとこ》の子《こ》なんだから女《おんな》の子《こ》を守《まも》んなきゃ♡
は…い？
…は…い。

ん〜〜〜っ♪
あ〜っ
大人《おとな》達《たち》の前《まえ》でおしとやかにするのは疲《つか》れるなア〜〜!
コキ
コキ
どこが女《おんな》の子《こ》らしいんだか…?
女《おんな》の子《こ》を守《まも》る…ねエ?
あ!
だいたい皆《みんな》の前《まえ》で演技《えんぎ》してるだけで…
…きれい…
は?

C

180

夕日《ゆうひ》は確《たし》かに
キレイだった
けど──
この時《とき》なぜか
ボクは──
〝この子《こ》もキレイだ〟
と思《おも》った……

あ！
は…はいっ!!
来週《らいしゅう》は何時《なんじ》からだっけ？
あ…9時《じ》からだ…けど？
は…あびっくりしたあ！
ふうん。
私《わたし》ここから地下鉄《ちかてつ》で帰《かえ》るから♪
じゃね♬
え…？
駅《えき》までひとりで大丈夫《だいじょうぶ》…？

182

ベーッ
大丈夫《だいじょうぶ》ですう♡
私《わたし》は、あなたみたいに子供《こども》じゃないもんね――っ♡
じゃあね♡
水戸《みと》ちゃんの正体《しょうたい》楽《たの》しみだね――っ!!
バ…イバイ。
ボクらは……
まだ子供《こども》じゃん。
183

…まったく！
ボクとあいつは本当《ほんとう》に同《おな》じ祖先《そせん》から生《う》まれたんだろうか？
ふふ…
ま、いいか♪

まんがNHK《エヌエイチケイ》スペシャル「地球大進化《ちきゅうだいしんか》」第《だい》1集《しゅう》——完《かん》——

生命《せいめい》の星《ほし》・地球《ちきゅう》博物館《はくぶつかん》

地球《ちきゅう》はどのようにして誕《たん》生《じょう》し、生命《せいめい》を育《はぐ》んできたのか、生命《せいめい》はどのように進化《しんか》をしてきたのか、などのテーマを時間《じかん》の流《なが》れに沿《そ》って展示《てんじ》している。隕石《いんせき》や大昔《おおむかし》の岩石《がんせき》、ストロマトライトの実物《じつぶつ》など、貴重《きちょう》な資料《しりょう》がいっぱいだ。ハイビジョン映像《えいぞう》を体験《たいけん》することもでき、生《せい》命《めい》の星《ほし》・地球《ちきゅう》の、46億年《おくねん》の歴史《れきし》を楽《たの》しみながら学《まな》ぶことができる。

所在地:神奈川県小田原市入生田499
電話:0465-21-1515
開館時間:午前9時～午後4時30分
（入館は午後4時まで）
休館日:月曜日（祝日・振替休日は開館）
祝日の翌日（火・土・日の場合は開館）、12月29日～1月3日、館内整備日（奇数月の第2火曜日）
http://www.city.odawara.kanagawa.jp/museum/g.html

国立科学博物館《こくりつかがくはくぶつかん》 上野本館《うえのほんかん》

自然科学《しぜんかがく》に対《たい》する感動《かんどう》と理解《りかい》を深《ふか》めることを目《もく》的《てき》としている。入《い》り口《ぐち》を入《はい》ってすぐのホールに、巨大《きょだい》な恐竜《きょうりゅう》の化石《かせき》が立《た》っている本《ほん》館《かん》は、生命《せいめい》の進化《しんか》と、隕石《いんせき》と太陽系《たいようけい》をおもなテーマとして展示《てんじ》している。地下《ちか》1階《かい》にあるフーコーの振《ふ》り子《こ》は、地球《ちきゅう》が自転《じてん》していることを実感《じっかん》できる。体験型《たいけんがた》の展示《てんじ》を主《しゅ》とした新館《しんかん》では、恐竜《きょうりゅう》を題材《だいざい》にした生命《せいめい》の誕生《たんじょう》と絶滅《ぜつめつ》の展示《てんじ》や、生物《せいぶつ》の多様性《たようせい》を考《かんが》える展示《てんじ》などがおもしろい。

所在地:東京都台東区上野公園7-20
月～金:03-3822-0111
土・日・祝:03-3822-0114
開館時間:午前9時～午後4時30分
（入館は午後4時まで）
休館日:月曜日（祝日・振替休日の場合は火曜日）、年末年始
http://www.kahaku.go.jp/ueno/index.html

生命《いのち》の海《うみ》科《か》学《がく》館《かん》

地《ち》球《きゅう》の海《うみ》と生《せい》命《めい》の進《しん》化《か》をたどる科《か》学《がく》館《かん》。地《ち》球《きゅう》の成《な》り立《た》ちや海《うみ》の誕《たん》生《じょう》、生《せい》命《めい》の進《しん》化《か》を物《もの》語《がた》る、たくさんの隕《いん》石《せき》や化《か》石《せき》が展《てん》示《じ》されている。なかでも、46億《おく》年《ねん》前《まえ》の状《じょう》態《たい》をそのまま保《ほ》存《ぞん》し、宇《う》宙《ちゅう》空《くう》間《かん》での有《ゆう》機《き》物《ぶつ》の合《ごう》成《せい》の可《か》能《のう》性《せい》を示《しめ》すマーチンソン隕《いん》石《せき》や、この本《ほん》でも紹《しょう》介《かい》した、グリーンランド・イスア地《ち》方《ほう》の38億《おく》年《ねん》前《まえ》にできた岩《がん》石《せき》などは必《ひっ》見《けん》だ。

所在地:愛知県蒲郡市港町17-17
電話:0533-66-1717
開館時間:午前9時〜午後5時30分
休館日:8月を除く第2火曜日（祝日の場合は翌日）、12月28日〜12月31日
http://www.museum.nrc.gamagori.aichi.jp/

JT《ジェイティー》生《せい》命《めい》誌《し》研《けん》究《きゅう》館《かん》

生《せい》命《めい》誌《し》とは、地《ち》球《きゅう》上《じょう》の生《せい》物《ぶつ》がどのようにして生《う》まれ、どのような関《かん》係《けい》にあるかを考《かん》えた歴《れき》史《し》絵《え》巻《まき》をみんなで作《つく》ろうという、新《あたら》しい生《せい》命《めい》科《か》学《がく》のこと。DNA《ディーエヌエー》の構《こう》造《ぞう》や進《しん》化《か》の仕《し》組《く》みなど、最《さい》新《しん》の情《じょう》報《ほう》をもとに、生《せい》命《めい》についてのさまざまな展《てん》示《じ》をしている。サマースクールや実《じっ》験《けん》室《しつ》見《けん》学《がく》ツアー、研《けん》究《きゅう》員《いん》レクチャーなどの、イベントも実《じっ》施《し》している。

所在地:大阪府高槻市紫町1-1
電話:072-681-9750
開館時間:午前10時〜午後4時30分
休館日:日曜日、月曜日、12月29日〜1月4日
入館無料
http://www.brh.co.jp/

※入館料《にゅうかんりょう》は各館《かくかん》に問《と》い合《あ》わせてください。休日《きゅうじつ》や開館時間等《かいかんじかんなど》は変更《へんこう》になる場合《ばあい》があります。

書籍案内《しょせきあんない》

21世紀《せいき》こども百科《ひゃっか》 宇《う》宙《ちゅう》館《かん》

小学館

宇宙《うちゅう》の誕生《たんじょう》から、地球《ちきゅう》の誕生《たんじょう》、生命《せいめい》の誕生《たんじょう》、そして人類《じんるい》の誕生《たんじょう》と未来《みらい》までを、1見開《みひら》きに1つのテーマで構成《こうせい》している。写真《しゃしん》やイラストなどを使《つか》って説明《せつめい》しているので、とてもわかりやすい。地球《ちきゅう》と生命《せいめい》の歴史《れきし》を知《し》るには、うってつけの本《ほん》。調《しら》べ学習《がくしゅう》のテーマなども紹介《しょうかい》している。

定価 4515円(本体4300円+税)

監修:渡部潤一 小畠郁生 他

ISBN4-09-221221-6

名《めい》探《たん》偵《てい》コナン推《すい》理《り》ファイル 地《ち》球《きゅう》の謎《なぞ》

小学館

ごぞんじコナンが、「地球《ちきゅう》の誕生《たんじょう》」「海《うみ》のしくみ」「気候《きこう》のしくみ」などの地球《ちきゅう》の謎《なぞ》にふれながら、難事件《なんじけん》を解決《かいけつ》していく。まんがでふれた地球《ちきゅう》の謎《なぞ》を、学習《がくしゅう》ページでわかりやすく解説《かいせつ》している。地球温暖化《ちきゅうおんだんか》などの環境問題《かんきょうもんだい》も説明《せつめい》している、とてもおトクな1冊《さつ》だ。

定価 840円(本体800円+税)

原作:青山剛昌 監修:島村英紀

ISBN4-09-296101-4

参考《さんこう》になるホームページ

海《うみ》のほしと私《わたし》たち

地球《ちきゅう》と海《うみ》に関《かん》することがらを、テーマ別《べつ》にアニメなどをつかって、わかりやすく解説《かいせつ》している。

http://www.jamstec.go.jp/jamstec-j/enlight/umihoshi/index2.html

地球《ちきゅう》生命《いのち》の歴史《れきし》

地球《ちきゅう》の誕生《たんじょう》から生命《せいめい》の誕生《たんじょう》、そして未来《みらい》のことまで知《し》ることができる。カンブリア紀《き》の生物図鑑《せいぶつずかん》も楽《たの》しい。

http://www.gnhm.gr.jp/archives/inpaku/index.html

第1集　生命の星 大衝突からの始まり　番組制作スタッフ

制作統括	高間　大介（NHKスペシャル番組センター）
	諏訪　雄一（NHKエンタープライズ21）
構成	田附　英樹（NHKスペシャル番組センター）
（ロケクルー）	
撮影	齊藤　文彦（制作技術センター）
照明・音声	アレックス遠藤
リサーチ・コーディネート	ドラブル安恵
	山脇　愛理
	アレックス・ケント
	内藤　洋
	坂元　志歩
	春田　裕子
（特撮等）	
演出	出田　恵三（NHKエンタープライズ21）
撮影	牟田　俊大（制作技術センター）
	山下　潤治（制作技術センター）
デジタル撮影	稲葉　貞則（イマジカ）
照明	原田　重雄（エクサート松崎）
	戎　達夫（制作技術センター）
VE	菊地　秀穂（本庄情報通信研究開発支援センター）
	永峰　智（エフェクト）
	堀　洋一（エフェクト）
特撮セット制作	岡田　喜秀（スタジオL）
	山本　高樹（スタジオL）
	家辺　信二（ローカスト）
	義崎　文也（ローカスト）
	中村　文隆（ローカスト）
道具操作	島尻　忠二（ローカスト）
	川勝　新太（ローカスト）
顕微鏡撮影	鷲塚　淑子（505事務所）
CG制作	伊達　吉克（番組送出センター）
	西田　孝史（番組送出センター）
	木村　勝一（NHKアート）
	東海　徳亮（505事務所）
	渡辺　和久
	千葉　正紀
	遠藤　基次
	杉浦　麻希子（ヴィヴィット・ワークス）
	小山　健一（ヴィヴィット・ワークス）
	福島　美紀（ミンディ・デザイン）
	坂井　滋和
編集	森本　光則
映像リサーチ	田原　祐子（エフェクト）
デジタル合成・編集	藤野　和也（制作技術センター）
	宮坂　裕司（制作技術センター）
	安藤　友則（制作技術センター）
	田端　英之（NHKテクニカルサービス）
	赤沼　直彦（NHKテクニカルサービス）
美術	本間　由樹子（NHKアート）
	小澤　雅夫（NHKアート）
	倉田　裕史（NHKアート）
音響効果	上温湯　大史（制作技術センター）
音楽	土井　宏紀
	鋒山　亘
音声	高橋　清孝（制作技術センター）
資料提供	NASA
	AURA／STScI
	Palomar Observatory
	UK Schmidt Telescope
	Anglo-Australian Telescope Board
	UK Particle Physics and Astronomy Research Council
	DIGITAL SKY LLC
	USGS
	JPL
ナレーション	中條　誠子　（アナウンス室）
（ナビゲーターパート）	
出演	山崎　努
脚本	犬童　一心
演出	松葉　直彦（テレビマンユニオン）
制作	合津　直枝（テレビマンユニオン）

まんが NHKスペシャル 地球大進化 1
MIRACLE PLANET
~46億年・人類への旅~
[生命の星 大衝突からの始まり]

2004年5月10日　初版第1刷発行

まんが／小林たつよし
NHK「地球大進化」プロジェクト〔編〕
編集協力／小学館クリエイティブ
編集人／澁谷直明

発行者　中島信行
発行所　株式会社　小学館
〒101-8001　東京都千代田区一ツ橋2-3-1
電話　編集 03-3230-5430
制作 03-3230-5333
販売 03-5281-3555
振替 00180-1-200
データ作成　江戸製版印刷株式会社
印刷所　図書印刷株式会社
製本所　文勇堂製本工業株式会社

Printed in Japan　ISBN4-09-226401-1